高等职业教育土建类专业系列教材

建筑工程计量与计价实训

毕　明　马睿涓　编
赵江连　祁巧艳　审

机械工业出版社

本书共分为七个实训项目，从建筑工程造价基本知识、建筑面积计算、房屋与建筑装饰工程计量、预算定额应用、工程造价计算、工程量清单及清单计价的编制到综合能力实训，每个项目都配有项目相关知识、计算实例、项目实训练习、计算思路和参考答案，使学生边学边练，提高实际操作能力；综合实训提出训练任务和要求，要求学生把本门课程所学知识进行综合应用，以提高学生的岗位实务操作能力。

本书可作为高职高专土建类专业师生的实训类教材。

图书在版编目（CIP）数据

建筑工程计量与计价实训/毕明，马睿涓编. —北京：机械工业出版社，2015.2（2025.1 重印）
高等职业教育土建类专业系列教材
ISBN 978-7-111-49344-0

Ⅰ.①建…　Ⅱ.①毕…②马…　Ⅲ.①建筑工程-计量-高等职业教育-教材②建筑造价-高等职业教育-教材
Ⅳ.①TU723.3

中国版本图书馆 CIP 数据核字（2015）第 028825 号

机械工业出版社（北京市百万庄大街 22 号　邮政编码 100037）
策划编辑：覃密道　责任编辑：覃密道
版式设计：赵颖喆　责任校对：刘秀丽
责任印制：单爱军
北京虎彩文化传播有限公司印刷
2025 年 1 月第 1 版 · 第 7 次印刷
184mm×260mm · 10.25 印张 · 246 千字
标准书号：ISBN 978-7-111-49344-0
定价：35.00 元

电话服务
客服电话：010-88361066
010-88379833
010-68326294

网络服务
机 工 官 网：www.cmpbook.com
机 工 官 博：weibo.com/cmp1952
金 书 网：www.golden-book.com
机工教育服务网：www.cmpedu.com

前　言

本书根据《建设工程工程量清单计价规范》（GB 50500—2013）、《房屋建筑与装饰工程工程量计算规范》（GB 50854—2013）、《建筑工程建筑面积计算规范》（GB/T 50353—2013）、《甘肃省建设工程工程量清单计价规则》、《甘肃省建筑与装饰工程预算定额》（DBJD25— 44—2013）、《甘肃省建筑与装饰工程预算定额地区基价》（DBJD25—52—2013），结合高职高专培养高校技能型应用性人才的特点，按项目实训的方法组织编写。

本书在建筑工程计量与计价知识的基础上，突出一般土建工程的施工图预算编制细节和实践过程及工程量清单计价的原理，紧密结合本地区实际情况，内容新，适用性强。教材图文并茂，实例典型丰富。以实用为主，以应用为重点，突出了高职高专的教学特点，注重培养学生应用所学理论知识解决实际问题的能力。

本书内容分为七个实训项目，从建筑工程造价基本知识、建筑面积计算、房屋与建筑装饰工程计量、预算定额应用、工程造价计算、工程量清单及清单计价的编制到综合实训，每个项目都配有项目相关知识、计算实例、项目实训练习、计算思路和参考答案，使学生边学边练，提高实际操作能力；综合实训提出训练任务和要求，使学生把本门课程所学知识进行综合应用，全面提高学生的岗位实务操作能力。

本书由甘肃建筑职业技术学院建筑经济管理系毕明、马睿涓共同编写，由赵江连、祁巧艳主审。编写过程中参考了一些参考文献资料，在此谨向相关作者和编委表示衷心的感谢！

由于编者的水平有限，书中难免有不足和疏漏之处，恳请广大读者及师生批评指正。

编者

目　　录

实训项目1　建筑工程造价基本知识

1.1　建筑工程造价基本知识归纳

1.1.1　建筑工程造价相关基础知识

1. 基本建设

基本建设是指投资建造固定资产和形成物质基础的经济活动。凡是固定资产扩大再生产的新建、扩建、改建、恢复工程及与之相关的活动均称为基本建设。

2. 基本建设的内容

基本建设按照专业性质不同可划分为4项内容：①建筑工程。②设备安装工程。③设备、工器具及生产用具的购置。④其他基本建设工作。

3. 建设项目的概念

建设项目是指按照一个总体设计进行施工的，经济上实行独立核算，由独立法人的组织机构负责建设或运营，可以形成生产能力或使用价值的一个或几个单项工程的总体。

4. 建设项目的分类

（1）按照建设性质分类可分为新建项目、扩建项目、改建项目、迁建项目、恢复项目。

（2）按照建设规模分类可分为大型项目、中型项目和小型项目三类。

（3）按照国民经济各行业性质和特点分类可分为竞争性项目、基础性项目和公益性项目三类。

5. 建设项目的组成

单项工程←单位工程←分部工程←分项工程。

6. 工程造价

（1）从市场角度来定义（狭义），工程造价是指工程建造价格。即为建成一项工程，预计或实际在土地市场、设备市场、技术劳务市场，以及承包市场等交易活动中所形成的建筑安装工程的价格和建设工程总价格。

（2）从业主（投资者）的角度来定义（广义），工程造价是指建设一项工程预期开支或实际开支的全部固定资产投资费用。投资者在投资活动中所支付的全部费用最终形成了工程建成以后交付使用的固定资产、无形资产和其他（递延）资产价值，所有这些开支构成工程造价。工程造价可衡量建设工程项目的固定资产投资费用的大小。

工程造价在工程项目的不同建设阶段具有不同的表现形式，主要有估算造价、概算造价、预算造价、合同价、结算价、竣工决算价等。

7. 工程造价的特点

工程造价具有大额性、个别性、价格相对的可比性、定价在先、不同形式的差异和动态性的特点。

8. 工程计价的特点

工程计价的特点主要有计价的单件性、计价的多次性、计价的组合性、计价方法的多样性、计价的动态性和计价依据的复杂性。

9. 项目建设程序

项目建设程序是指建设项目从决策、设计、施工到竣工验收和后评价的全过程中，各项工作必须遵循的先后次序。

我国项目建设程序依次分为决策、设计、建设实施、竣工验收和后评价五个阶段。

1.1.2 建筑工程计价依据相关知识

1. 建设工程定额

建设工程定额就是指在正常的施工条件和合理的劳动组织、合理使用材料及机械的条件下完成单位合格产品所必须消耗的各种资源的数量标准。

定额的水平规定完成单位合格产品所需各种资源消耗的数量水平。

2. 建设工程定额的作用

建设工程定额的作用主要表现在以下几个方面：

1）它是计划管理的重要基础。

2）它是提高劳动生产率的重要手段。

3）它是衡量设计方案的尺度和确定工程造价的依据。

4）它是推行经济责任制的重要环节。

5）它是科学组织和管理施工的有效工具。

6）它是企业实行经济核算制的重要基础。

3. 建设工程定额的特性

建设工程定额具有有科学性、群众性、权威性、指导性、相对稳定性和时效性。

4. 《建设工程工程量清单计价规范》的主要内容

《建设工程工程量清单计价规范》（GB 50500—2013）主要内容包括总则、术语、一般规定、工程量清单编制、招标控制价、投标报价、合同价款约定、工程计量、合同价款调整、合同价款期中支付、竣工结算与支付、合同解除的价款结算与支付、合同价款争议的解决、工程造价鉴定、工程计价资料与档案、计价表格等16部分。

5. 《房屋建筑与装饰工程工程量计算规范》的主要内容

《房屋建筑与装饰工程工程量计算规范》（GB 50854—2013）的主要内容包括：正文、附录、条文说明三部分，其中正文包括：总则、术语、工程计量、工程量清单编制，共计29项条款；附录部分包括附录A土石方工程，附录B地基处理与边坡支护工程，附录C桩基工程，附录D砌筑工程，附录E混凝土及钢筋混凝土工程，附录F金属结构工程，附录G木结构工程，附录H门窗工程，附录J屋面及防水工程，附录K保温、隔热、防腐工程，附录L楼地面装饰工程，附录M墙、柱面装饰与隔断、幕墙工程，附录N天棚工程，附录P油漆、涂料、裱糊工程，附录Q其他装饰工程，附录R拆除工程，附录S措施项目等17个附录，共计557个项目。

6. 工程量清单计价模式的特点

由参与双方自主定价；提供了平等的竞争条件；有利于工程款的拨付和工程造价的最终

确定；有利于实现风险的合理分担；有利于业主对投资的控制；有利于消除标底准确性和标底泄漏所带来的负面影响等6个方面。

7. 定额计价与清单计价的主要区别

表现为所适用的经济模式不同；计价的依据和计价水平不同；项目的设置不同；建筑安装工程费费用构成不同；工程量计算规则不同；单价的构成不同和风险承担方式不同等7个方面。

1.2 建筑工程造价基本知识实训

1.2.1 单项选择题练习

1. 建筑产品体积庞大，生产周期长，且生产程序复杂，需要消耗大量的人力和物资，这决定了工程造价具有（　　）的特点。

A. 大额性　　B. 个别性　　C. 单件性　　D. 定价在先

2.（　　）是在施工图设计阶段，根据施工图纸、预算定额、各项取费标准、建设地区的自然技术经济条件以及各种资源价格信息等资料编制的用以确定拟建工程造价的技术经济文件。

A. 设计概算　　B. 投资估算　　C. 投标报价　　D. 施工图预算

3. 在扩大初步设计阶段，要编制的工程造价为（　　）。

A. 设计预算　　B. 设计概算　　C. 修正概算　　D. 技术概算

4.（　　）是指在一个建设项目中具有独立性的设计文件，竣工后可以独立发挥生产能力或效益的工程。

A. 单位工程　　B. 单项工程　　C. 分部工程　　D. 分项工程

5.（　　）是竣工后一般不能独立发挥生产能力或效益，但具有独立的设计图纸，可以独立组织施工的工程。

A. 单项工程　　B. 分部工程　　C. 单位工程　　D. 分项工程

6. 下列关于工程计价的特点，不正确的是（　　）。

A. 单件性　　B. 多次性　　C. 组合性　　D. 静态性

7. 基本建设按照专业性质不同可划分为（　　）。

A. 建筑工程、设备安装工程、设备、工器具及生产工具的购置、其他基本建设工作

B. 土建工程、装饰装修工程

C. 建筑工程、园林工程、市政工程

D. 大型工程、中型工程、小型工程

8. 以下说法不正确的是（　　）。

A. 工程造价具有定价在先的特点

B. 工程计价具有多次性的特点

C. 竣工决算是由施工单位编制的

D. 分项工程是计算工、料、机及资金消耗的最基本的构造要素

9. 以下关于项目建设程序的阐述，不正确的是（　　）。

A. 项目建设程序依次分为决策、设计、建设实施、竣工验收和后评价五个阶段
B. 项目决策阶段主要包括编报项目建议书和可行性研究报告两项工作内容
C. 建设实施阶段主要进行施工准备、组织施工和竣工前的生产准备三项工作
D. 可行性研究被批准后，就可编报项目建议书

10. 按定额反映的生产要素消耗内容分类，可以把工程定额分为（　　）。
A. 劳动消耗定额、机械消耗定额和材料消耗定额
B. 企业定额、补充定额
C. 全国通用定额、行业通用定额
D. 施工定额、预算定额

11. （　　）以工序为对象编制，项目划分很细，定额子目最多。
A. 补充定额　　B. 施工定额　　C. 行业统一定额　　D. 全国统一定额

12. 工程建设定额具有指导性的客观基础是定额的（　　）。
A. 科学性　　B. 系统性　　C. 统一性　　D. 稳定性

13. 下面所列工程建设定额中，属于按定额编制用途分类的是（　　）。
A. 概算定额　　B. 投资估算指标　　C. 行业通用定额　　D. 补充定额

14. 综合单价是指完成一个规定清单项目所需的人工费、材料和工程设备费、施工机具使用费和（　　）以及在一定范围内的风险因素。
A. 措施费　　B. 企业管理费、利润　　C. 规费　　D. 税金

15. （　　）是招标人在工程量清单中提供的用于支付必然发生但暂时不能确定价格的材料、工程设备的单价以及专业工程的金额。
A. 索赔　　B. 计日工　　C. 暂列金额　　D. 暂估价

16. 其他项目清单应包括（　　）。
A. 暂列金额、暂估价、计日工、总承包服务费
B. 失业保险、医疗保险、工伤保险费、生育保险费
C. 营业税、城市维护建设税、教育费附加、地方教育附加
D. 安全文明施工费

17. 下列（　　）项为单项工程。
A. 一座工厂　　B. 土石方工程　　C. 水电安装工程　　D. 实验大楼

18. 招标控制价是（　　）对招标工程限定的最高工程造价。
A. 投标人　　B. 监理工程师　　C. 招标人　　D. 造价工程师

19. 下列哪一项是规费项目清单的内容（　　）。
A. 工程排污费　　B. 计日工　　C. 暂列金额　　D. 教育费附加

20. 工程量清单计价采用的是（　　）。
A. 工料单价计价　　B. 实物单价计价　　C. 综合单价计价　　D. 传统单价计价

21. （　　）的大中型建设工程必须采用工程量清单计价方式。
A. 全部使用国有资金投资或国有资金投资为主
B. 政府投资的工程
C. 民间投资
D. 外商投资

22. 工程量清单编码以12位阿拉伯数字表示，前（　　）位为全国统一编码，不得变动。

A. 9　　B. 10　　C. 11　　D. 12

1.2.2　基本概念简答题练习

基本概念简答题练习见表1-1。

表1-1　基本概念简答题练习

1. 工程造价有哪些不同的表现形式，对应哪些不同建设阶段？ 答：
2. 请简述工程计价的基本原理。 答：
3. 建设工程定额的作用是什么？ 答：
4. 简述材料消耗定额的概念、构成和计算方法。 答：
5. 简述预算定额的概念与作用。 答：

（续）

6. 预算定额地区定额基价的作用主要有哪些方面？ 答：
7. 简述招标控制价、工程量清单、招标工程量清单、工程量偏差的概念。 答：
8. 简述综合单价、暂估价、规费、招标代理人的概念。 答：
9. 简述工程量清单计价模式的特点。 答：
10. 简述定额计价与清单计价的主要区别。 答：

1.3　建筑工程造价基本知识实训参考答案

单项选择题答案

1. A　2. D　3. C　4. B　5. C　6. D　7. A　8. C　9. D　10. A　11. B　12. A　13. B　14. B　15. D　16. A　17. D　18. C　19. A　20. C　21. A　22. A

简答题参考答案（略）。

实训项目 2　建筑面积计算

2.1　建筑面积计算相关知识

为规范工业与民用建筑工程建设全过程的建筑面积计算，统一计算方法，2013 年 12 月住房和城乡建设部发布国家标准《建筑工程建筑面积计算规范》（GB/T 50353—2013），自 2014 年 7 月 1 日起实施。建筑面积计算规范适用于新建、扩建、改建的工业与民用建筑工程建设全过程的建筑面积计算。《建筑工程建筑面积计算规范》（GB/T 50353—2013）包括计算建筑面积的范围和不计算建筑面积的范围，计算时应注意的知识要点见表 2-1。

表 2-1　计算建筑面积知识要点

类别	计算规定尺寸	高度规定	屋顶类型	计算全面积	计算 1/2 面积	不计算面积
建筑物	自然层外墙结构外围水平面积	结构层高	水平屋顶	≥2. 2m	<2. 2m	
		结构净高	坡屋顶	≥2. 1m	1. 2m≤结构净高<2. 1m	<1. 2m
场馆看台下	建筑空间	结构净高	坡屋顶	≥2. 1m	1. 2m≤结构净高<2. 1m	<1. 2m
地下室	结构的外围水平面积	结构层高	水平屋顶	层高≥2. 2m	层高<2. 2m	
吊脚架空层、架空层	顶板水平投影计算	结构层高	水平屋顶	层高≥2. 2m	层高<2. 2m	
门厅、大厅	按一层计算	结构层高	水平屋顶	层高≥2. 2m	层高<2. 2m	
门斗	按其围护结构外围水平面积计算	无	无	层高≥2. 2m	层高<2. 2m	
阳台	在主体结构内的阳台，应按其结构外围水平面积	无	无	计算全面积		
	在主体结构外的阳台，应按其结构底板水平投影面积	无	无		计算 1/2 面积	
建筑物内的设备层、管道层、避难层等有结构层的楼层	外墙结构外围水平面积	结构层高	水平屋顶	层高≥2. 2m	层高<2. 2m	
雨篷	雨篷结构板水平投影面积	两个楼层以内（不包括两个楼层）			1. 有柱雨篷 2. 无柱雨篷的结构外边线至外墙结构外边线宽度≥2. 1m	1. 无柱雨棚的结构外边线至外墙结构外边线宽度<2. 1m 2. 顶盖高度达到或超过两个楼层的无柱雨篷

2.2　建筑面积计算实例

如图 2-1 为某拟建二层砖混结构工程示意图，首层平面图见图 2-1a，二层平面图见图 2-1b，层高均为 3.3m，墙厚 240mm，计算该建筑物的建筑面积。

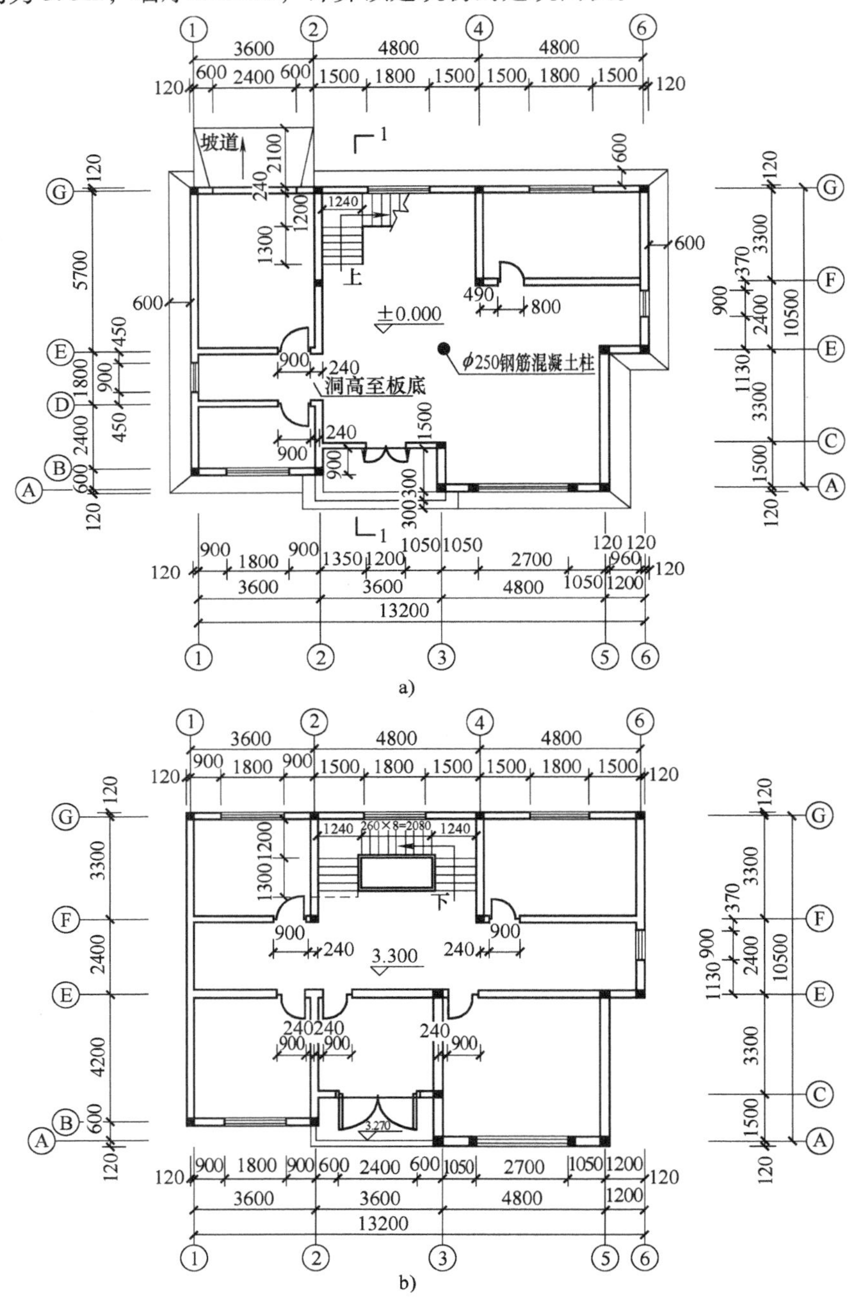

图 2-1　某拟建二层砖混结构工程示意图

a）首层平面图　b）二层平面图

【解】计算思路及步骤：

1. 根据首层平面图计算首层建筑面积，建筑物首层应按其外墙勒脚以上结构外围水平面积计算，层高在 2.20m 及以上者应计算全面积；层高不足 2.20m 者应计算 1/2 面积。

则：首层建筑面积 $=(10.14\times3.84+9.24\times3.36+10.74\times5.04+5.94\times1.2)\text{m}^2=131.24\text{m}^2$

2. 二层楼层应按其外墙结构外围水平面积计算。层高在 2.20m 及以上者应计算全面积；层高不足 2.20m 者应计算 1/2 面积。建筑物的阳台均应按其水平投影面积的 1/2 计算。

则：二层建筑面积 $=(10.14\times3.84+9.24\times3.36+10.74\times5.04+5.94\times1.2)\text{m}^2=131.24\text{m}^2$

二层阳台建筑面积 $=\dfrac{1}{2}\times(3.36\times1.5+0.6\times0.24)\text{m}^2=2.59\text{m}^2$

3. 该建筑物的建筑面积 = 首层建筑面积 + 二层建筑面积 + 阳台建筑面积

$=(131.24\times2+2.59)\text{m}^2=265.07\text{m}^2$

4. 图中的坡道，突出墙外的台阶等均不属于建筑结构，不应计算建筑面积。

5. 填写建筑面积计算表格（表 2-2）。

表 2-2　建筑面积计算表

序号	项目名称	计量单位	计　算　式	数量
1	建筑面积	m^2	$S_1=10.14\times3.84+9.24\times3.36+10.74\times5.04+5.94\times1.2=131.24$ $S_2=S_1$ $S_{阳台}=\dfrac{1}{2}\times(3.36\times1.5+0.6\times0.24)=2.59$ $S_{总}=131.24\times2+2.59=265.07$	265.07

2.3　建筑面积计算实训

【建筑面积计算实训 1】如图 2-2 为某单层厂房的立面图、平面图和剖面图，图中墙厚均为 240mm，轴线居中。计算该厂房的建筑面积，并将计算结果填写在建筑面积计算表 2-3 中。

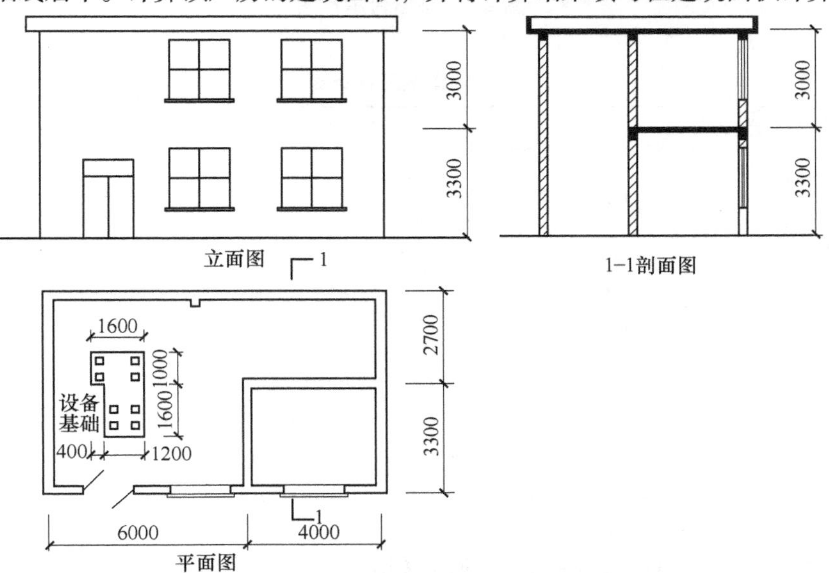

图 2-2　某单层厂房的立面图、平面图和剖面图示意图

表 2-3　建筑面积计算表

序号	项目名称	计量单位	计　算　式	数量

【建筑面积计算实训 2】如图 2-3 所示，求有顶盖无维护结构的站台建筑面积，并将计算结果填写在建筑面积计算表 2-4 中。

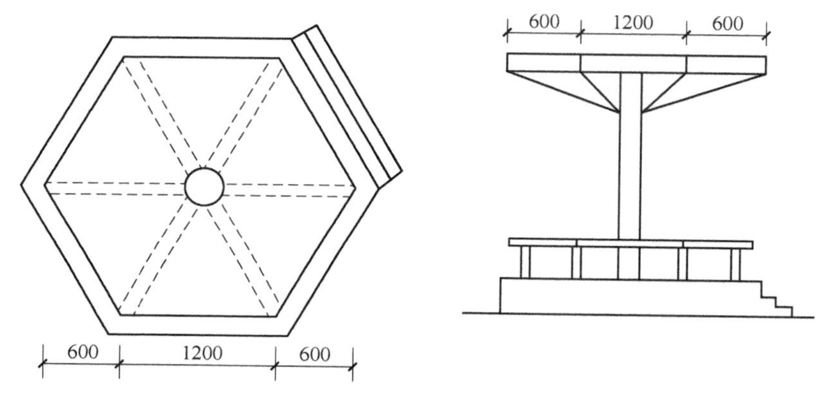

图 2-3　某站台示意图

表 2-4　建筑面积计算表

序号	项目名称	计量单位	计　算　式	数量

【建筑面积计算实训 3】计算图 2-4 所示坡地建筑物的建筑面积，并将计算结果填写在建筑面积计算表 2-5 中。

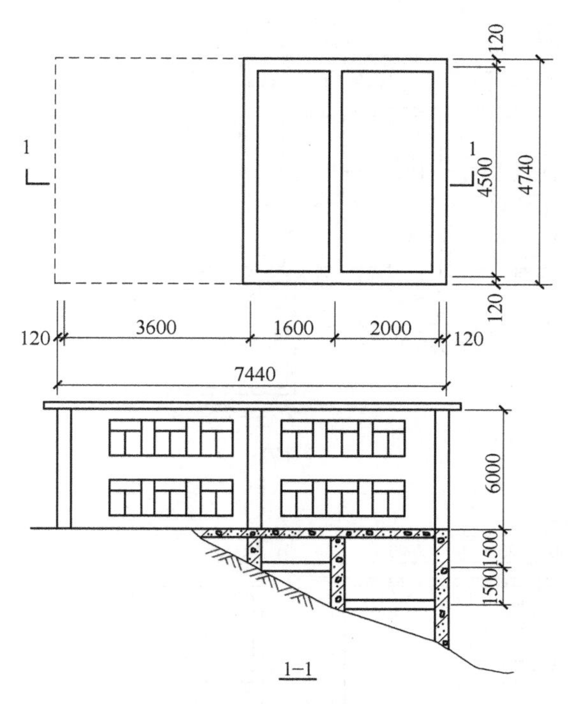

图 2-4　某坡地建筑物示意图

表 2-5　建筑面积计算表

序号	项目名称	计量单位	计　算　式	数量

【建筑面积计算实训 4】某三层办公楼如图 2-5 所示，层高均为 3m，墙厚 240mm，轴线居中，雨篷挑出宽度 1.8m，雨篷结构板水平投影面积为 7.2m²，计算三层办公楼的建筑面积，并将计算结果填写在建筑面积计算表 2-6 中。

表 2-6　建筑面积计算表

序号	项目名称	计量单位	计　算　式	数量

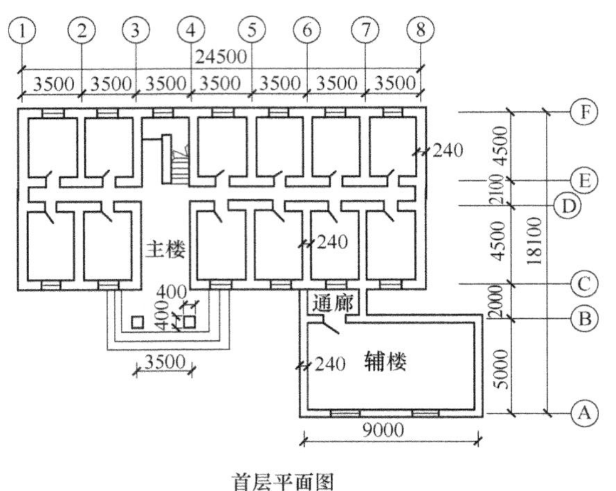

首层平面图

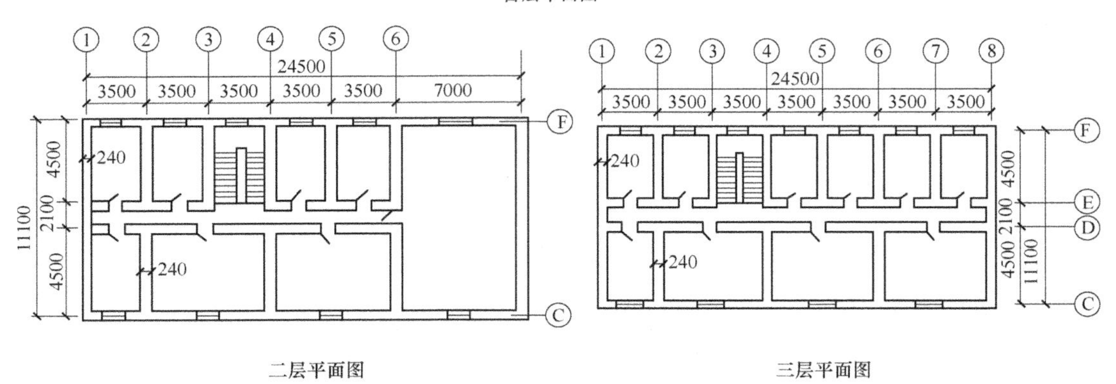

二层平面图　　三层平面图

图 2-5　某三层办公楼建筑示意图

【建筑面积计算实训 5】某二层别墅工程如图 2-6 所示。墙体除注明外均为 240mm。计算建筑面积，并将计算结果填写在建筑面积计算表 2-7 中。

表 2-7　建筑面积计算表

序号	项目名称	计量单位	计　算　式	数量

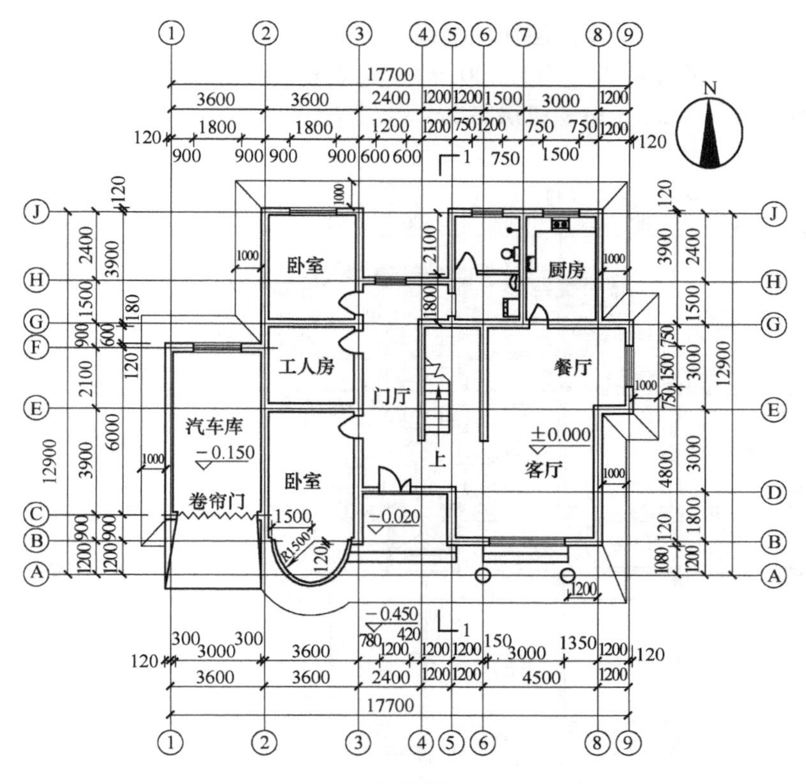

一层平面图

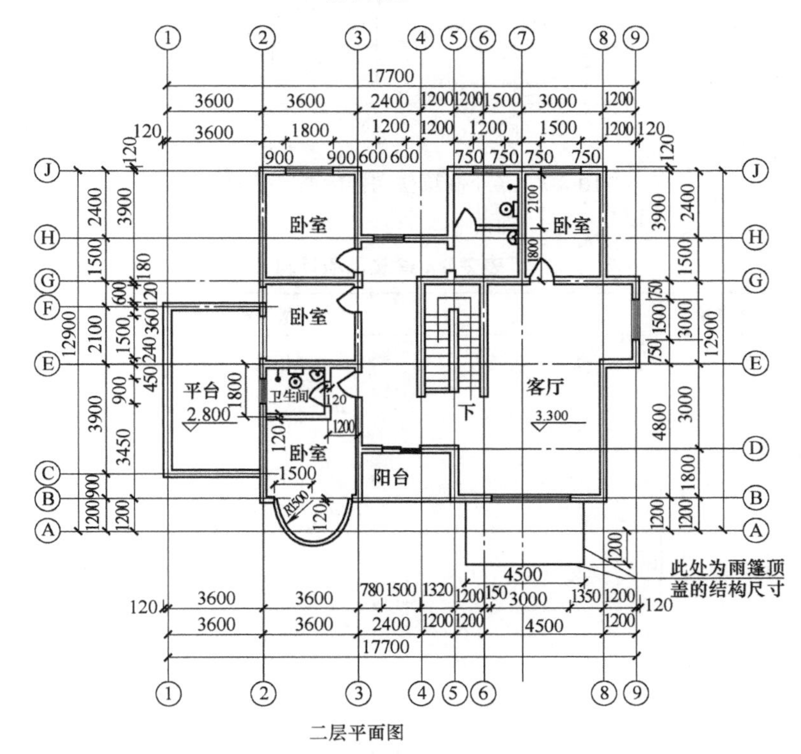

二层平面图

图 2-6　某二层别墅工程示意图

【建筑面积计算实训 6】某小高层住宅楼标准层平面如图 2-7 所示，层高 3m，共 12 层，各层均同标准层，墙体除注明者外均为 200mm，轴线居中，外墙采用 50mm 厚聚苯板保温。屋面上有楼梯间，层高 2. 8m，电梯机房高 2m。计算建筑面积，并将计算结果填写在建筑面积计算表 2-8 中。

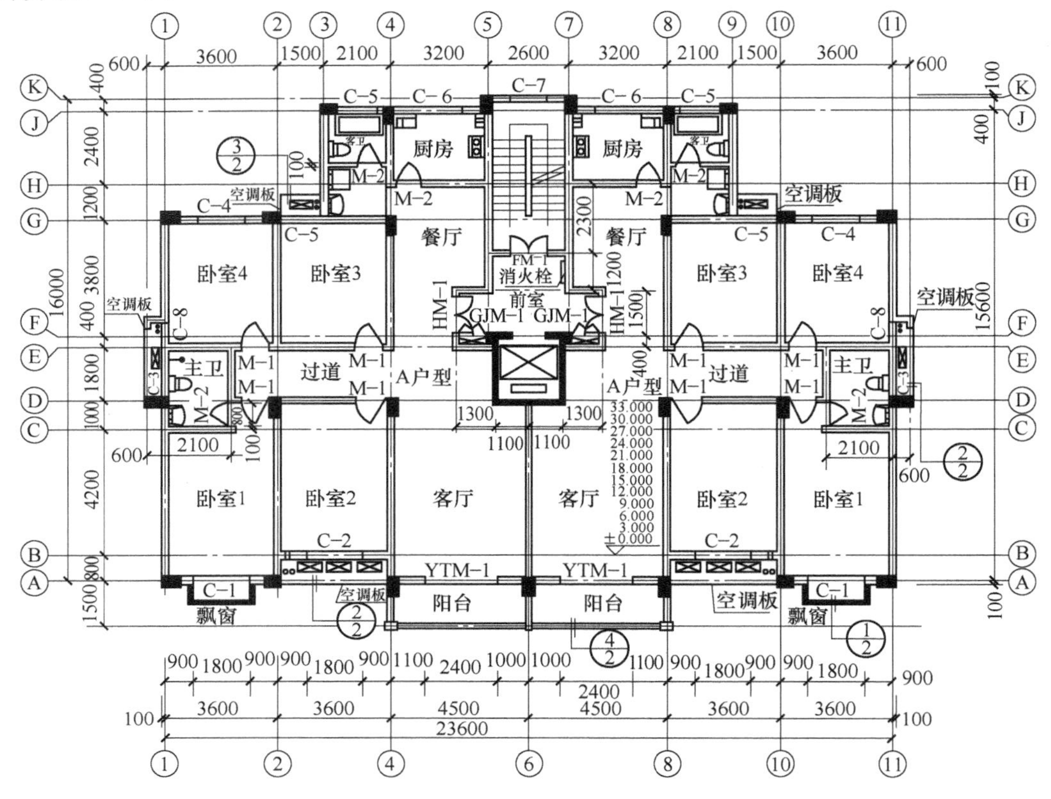

图 2-7 某小高层住宅楼标准层平面示意图

表 2-8 建筑面积计算表

序号	项目名称	计量单位	计 算 式	数量

2.4　建筑面积计算思路与参考答案

【建筑面积计算实训 1】

1. 计算思路

单层建筑物内设有局部楼层者，局部楼层的二层及以上楼层，有围护结构的应按其围护结构外围水平面积计算，无围护结构的应按其结构底板水平面积计算。层高在 2.20m 及以上者应计算全面积；层高不足 2.20m 者应计算 1/2 面积。

1）局部楼层有围护结构的应按其围护结构外围水平面积计算。当层高≥2.20m 时，计算全面积；当层高 <2.20m 时，计算 1/2 面积。

2）局部楼层无围护结构的应按其结构底板水平面积计算。当层高≥2.20m 时，计算全面积；当层高 <2.20m 时，计算 1/2 面积。

2. 参考答案

建筑面积计算见表 2-9。

表 2-9　建筑面积计算表

序号	项目名称	计量单位	计　算　式	数量
1	建筑面积	m^2	$S_1=(6+4+0.24)\times(3.3+2.7+0.24)=63.9$ $S_2=(4+0.24)\times(3.3+0.24)=15.01$ $S_{总}=63.9+15.01=78.91$	78.91

【建筑面积计算实训 2】

1. 计算思路

有永久性顶盖无围护结构的车棚、货棚、站台、加油站、收费站等，应按其顶盖水平投影面积的 1/2 计算。

2. 参考答案

建筑面积计算见表 2-10。

表 2-10　建筑面积计算表

序号	项目名称	计量单位	计　算　式	数量
1	建筑面积	m^2	$S=1.2\times1.2\times\sin60\times\frac{1}{2}\times6\times\frac{1}{2}$ $=1.2\times1.2\times\frac{\sqrt{3}}{2}\times\frac{1}{2}\times6\times\frac{1}{2}=1.87$	1.87

【建筑面积计算实训 3】

1. 计算思路

坡地的建筑物吊脚架空层，按顶板水平投影计算建筑面积，层高在 2.20m 及以上的部位应计算全面积；层高不足 2.20m 的部位应计算 1/2 面积。

2. 参考答案

建筑面积计算见表 2-11。

表 2-11　建筑面积计算表

序号	项目名称	计量单位	计　算　式	数量
1	建筑面积	m^2	一层面积 = 7. 44 × 4. 74 = 35. 27 二层面积 = 7. 44 × 4. 74 = 35. 27 坡地吊脚高大于 2. 2m 面积 = （2 + 0. 24） × 4. 74 = 10. 61 坡地吊脚高小于 2. 2m 面积 = $\frac{1}{2}$ × 1. 6 × 4. 74 = 3. 79 $S_{总}$ = 35. 27 + 35. 27 + 10. 61 + 3. 79 = 84. 95	84. 95

【建筑面积计算实训 4】

1. 计算思路

1）建筑物的建筑面积应按自然层外墙结构外围水平面积之和计算。结构层高在 2. 20m 及以上的，应计算全面积；结构层高在 2. 20m 以下的，应计算 1/2 面积。

2）门斗、挑廊、走廊、檐廊，应按其围护结构外围水平面积计算。层高在 2. 20m 及以上者应计算全面积；层高不足 2. 20m 者应计算 1/2 面积。

3）有柱雨篷应按其结构板水平投影面积的 1/2 计算建筑面积；无柱雨篷的结构外边线至外墙结构外边线的宽度在 2. 10m 及以上的，应按雨篷结构板的水平投影面积的 1/2 计算建筑面积。

2. 参考答案

建筑面积计算见表 2-12。

表 2-12　建筑面积计算表

序号	项目名称	计量单位	计　算　式	数量
1	建筑面积	m^2	主楼一层建筑面积 = (24. 5 + 0. 24) × (11. 1 + 0. 24) = 280. 55 辅楼面积 = (9 + 0. 24) × (5 + 0. 24) = 48. 12 通廊面积 = (2 − 0. 24) × (3. 5 + 0. 24) = 6. 58 二层及三层面积 = 2 × 280. 55 = 561. 1 雨篷面积 = 7. 2 × 0. 5 = 3. 6 三层办公楼建筑面积 = 280. 55 + 48. 12 + 6. 58 + 561. 1 + 3. 6 = 899. 95	899. 95

【建筑面积计算实训 5】

1. 计算思路

1）建筑物的阳台均应按其水平投影面积的 1/2 计算。

2）有柱雨篷应按其结构板水平投影面积的 1/2 计算建筑面积；无柱雨篷的结构外边线至外墙结构外边线的宽度在 2. 10m 及以上的，应按雨篷结构板的水平投影面积的 1/2 计算建筑面积。

2. 参考答案

建筑面积计算见表 2-13。

表2-13　建筑面积计算表

序号	项目名称	计量单位	计　算　式	数量
1	建筑面积	m^2	一层建筑面积 $=3.6\times6.24+3.84\times11.94+3.41\times1.5^2\times0.5+3.36\times7.74+5.94\times11.94+1.2\times3.24=172.66$ 二层建筑面积 $=3.84\times11.94+3.41\times1.5^2\times0.5+3.36\times7.74+5.94\times11.94+1.2\times3.24=150.2$ 阳台面积 $=3.36\times1.8\times0.5=3.02$ 雨篷面积 $=(2.4-0.12)\times4.5\times0.5=5.13$ 总建筑面积 $=172.66+150.20+3.02+5.13=331.01$	331.01

【建筑面积计算实训6】

1. 计算思路

1）建筑物顶部有围护结构的楼梯间、水箱间、电梯机房等，层高在2.20m及以上者应计算全面积；层高不足2.20m者应计算1/2面积。

2）建筑物内的室内楼梯间、电梯井、观光电梯井、提物井、管道井、通风排气竖井、通风道、附墙烟囱应按建筑物的自然层计算。

3）主体结构外的阳台应按其水平投影面积的1/2计算。

4）建筑物外墙外侧有保温隔热层的，应按保温隔热层外边线计算建筑面积。

5）突出墙外的空调室外机搁板（箱）、飘窗不应计算建筑面积。

2. 参考答案

建筑面积计算见表2-14。

表2-14　建筑面积计算表

序号	项目名称	计量单位	计　算　式	数量
1	建筑面积	m^2	$S_1=(23.6+0.05\times2)\times(12+0.1\times2+0.05\times2)=291.51$ $S_2=3.6\times(13.2+0.1\times2+0.05\times2)=48.6$ $S_3=0.4\times(2.6+0.1\times2+0.05\times2)=1.16$ $S_{扣}=(3.6-0.1\times2-0.05\times2)\times0.8\times2=5.28$ $S_{阳台}=\frac{1}{2}\times(1.5-0.05)\times9.2=6.67$ $S_{标准层}=291.51+48.6+1.16+6.67-5.28=342.66$ $S_{电梯机房}=(2.2+0.1\times2+0.05\times2)\times2.2\times0.5=2.75$ $S_{屋顶楼梯间}=(2.8+0.05\times2)\times(7.8+0.1\times2+0.05\times2)=23.49$ $S_{总}=342.66\times12+2.75+23.49=4138.16$	4138.16

实训项目3　房屋建筑与装饰工程计量

3.1　房屋建筑与装饰工程计量相关知识

3.1.1　工程计量

1. 工程量计算

工程量计算是指建设工程项目以工程设计图纸、施工组织设计或施工方案及有关技术经济文件为依据，按照相关工程国家标准的计算规则、计量单位等规定，进行工程数量的计算活动，在工程建设中简称工程计量。

2. 工程量计算的依据

工程量计算除依据《建设工程工程量清单计价规范》（GB 50500）的各项规定外，尚应依据以下文件：

（1）经审定的施工设计图纸及其说明。

（2）经审定的施工组织设计或施工技术措施方案。

（3）经审定的其他有关技术经济文件。

3. 计量单位

工程实施过程中的计量应按照现行国家标准《建设工程工程量清单计价规范》（GB 50500）的相关规定执行。规范附录中有两个或两个以上计量单位的，应结合拟建工程项目的实际情况，确定其中一个为计量单位。同一工程项目的计量单位应一致。工程计量时每一项目汇总的有效位数应遵守下列规定：

（1）以“t”为单位，应保留小数点后三位数字，第四位小数四舍五入。

（2）以“m、m^2、m^3、kg”为单位，应保留小数点后两位数字，第三位小数四舍五入。

（3）以“个、件、根、组、系统”为单位，应取整数。

4. 熟悉图纸

工程量计算的前提是熟悉图纸，要先从头到尾浏览整套图纸，待对其设计意图大概了解后，再选择重点详细看图。在熟悉图纸的过程中要着重弄清以下几个问题：

（1）建筑图部分

1）了解建筑物的层数和高度（包括层高和总高）、室内外高差、结构形式、纵向总长及跨度等。

2）了解工程的用料及做法，包括楼地面、屋面、门窗、墙柱面装饰的用料及做法。

3）了解建筑物的墙厚、楼地面面层、门窗、天棚、内墙饰面等在不同的楼层上有无变化（包括材料做法、尺寸、数量等变化），以便采用不同的计算方法。

（2）结构图部分

1）了解基础形式及深度、土壤类别、开挖方式（按施工方案确定）以及基础、墙体的材料及做法。

2）了解结构设计说明中涉及工程量计算的相关内容，包括砌筑砂浆类别、强度等级，现浇和预制构件的混凝土强度等级、钢筋的锚固和搭接规定等，以便全面领会图纸的设计意图，避免重算或漏算。

3）了解构件的平面布置及节点图的索引位置，以免在计算时乱翻图纸查找，浪费时间。

4）砖混结构要弄清圈梁有几种截面高度，具体分布在墙体的哪些部位，圈梁在阳台及门窗洞口处截面有何变化，内外墙圈梁宽度是否一致，以便在计算圈梁体积时，按不同宽度进行分段计算。

5）带有挑檐、阳台、雨篷的建筑物，要弄清悬挑构件与相交的连梁或圈梁的连结关系，以便在计算时做到心中有数。

5. 熟悉常用标准图做法

在工程量计算过程中，时常需要查阅各种标准图集，如果能把常用标准图中的一些常用节点及做法，进行记忆或可熟练查找，在工程量计算时，将节省不少时间，从而可以大大提高工作效率。

6. 熟悉工程量计算规则及项目划分

计算工程量是通过“计算规则”这个平台来进行的，不同的计算规则其项目划分、计量单位、包括的工程内容及计算规定有所不同。计算工程量根据不同的计价方式应分别采用不同的工程量计算规则。

7. 计算工程量时遵循的顺序

在计算一张图纸的工程量时，为了防止重复计算或漏算，也应该遵循一定的顺序。通常采用以下四种不同的顺序。

（1）按顺时针方向计算。先外后内从平面图左上角开始，按顺时针方向由左而右环绕一间房屋后再回到左上角为止。这种方法适用于：外墙挖地槽、外墙砖石基础、外墙砖石墙、外墙墙基垫层、楼地面、天棚、外墙粉饰、内墙粉饰等。

（2）按横竖分割计算。以施工图上的轴线为准，先横后竖，从上而下，从左到右计算。这种方法适用于：内墙挖地槽、内墙砖石基础、内墙砖石墙、间壁墙、内墙墙基垫层等。

（3）按构配件的编号顺序计算。按图纸上注明的分类编号，按号码次序由大到小进行计算。这种方法适用于：打桩工程、钢筋混凝土工程中的柱、梁、板等构件，金属构件及钢木门窗等。

（4）按轴线编号计算。以平面图上的定位轴线编号顺序，从左到右，从上到下，依次进行计算。这种方法适用情况同第二种方法，尤其适用于造型或结构复杂的工程。

3.1.2　灵活运用“统筹法”计算原理

“统筹法”计算的核心是“三线一面”，即外墙中心线长 $L_{中}$，外墙外边线长 $L_{外}$，内墙净长线长 $L_{内}$ 和底层建筑面积 $S_{底}$。其基本原理是：通过将“三线一面”中具有共性的四个基数，分别连续用于多个相关分部分项工程量的计算，从而使计算工作做到简便、快捷、准确。

灵活运用“三线一面”是“统筹法”计算原理的关键。针对不同建筑物的形体和构造特点，在工程量计算过程中，对“三线一面”或其中的某个基数，要根据具体情况作出相应调整，不能将一个基数用到底。例如某砖混楼房，底层为370mm厚墙，二层及以上设计为240mm厚墙，那么底层的$L_{中}$和$L_{内}$肯定不等于二层的$L_{中}$和$L_{内}$，此时，底层的$L_{中}$和$L_{内}$必须要在二层的$L_{中}$和$L_{内}$的基础上进行调整计算。

“三线一面”中的四个基数都非常重要，一旦出现差错就会引起一连串相关分部分项工程量的计算错误，最后导致不得不重新调整“基数”，重新计算工程量。在这四个基数中，如果$L_{中}$和$L_{内}$计算错误，就会影响到圈梁钢筋、混凝土，墙体和内墙装饰工程量的计算；如果$L_{外}$计算错误，就会影响到外墙裙和外墙装饰工程量的计算；如果$S_{底}$计算错误就会影响到楼地面、屋面和天棚工程量的计算。因此，在计算工程量之前，务必准确计算“三线一面”，而在工程量计算过程中则要灵活运用“三线一面”，只有这样才能确保工程量的快速、准确计算。

3.2　房屋建筑与装饰工程计量实例

【例3-1】　某三层建筑物，三层平面尺寸均相同，底层平面如图3-1所示，内外墙厚均为240mm，轴线居中，土壤类别为二类土，经计算需弃土8.5m³回填，运土距离3km，试计算人工平整场地清单工程量和计价工程量，并填写清单工程量计算表（表3-1）、计价工程量计算表（表3-2）和分部分项工程和单价措施项目清单与计价表（表3-3）。

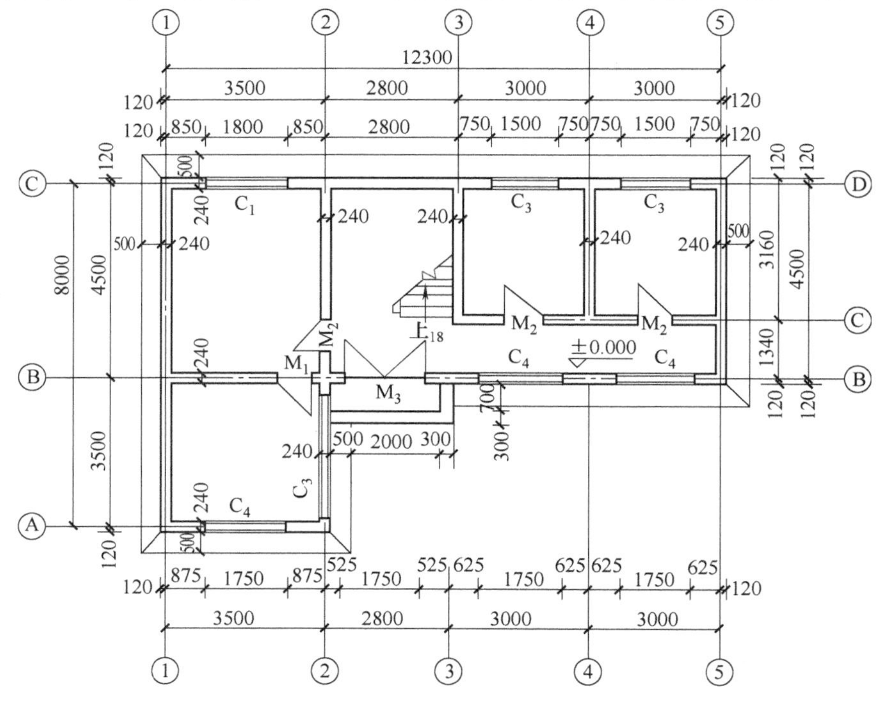

图3-1　底层平面示意图

【解】　计算思路及步骤：

1. 计算平整场地清单工程量

计算平整场地清单工程量是按设计图示尺寸以建筑物首层建筑面积计算。

2. 计算平整场地计价（定额）工程量

计算平整场地计价（定额）工程量的方法是：建筑物或构筑物的平整场地工程量应按外墙外边线，每边各加2m，以 m^2 计算。

3. 计算并填写清单

详见工程量计算表（表3-1），计价工程量计算表（表3-2）和分部分项工程和单价措施项目清单与计价表（表3-3）。

表3-1 清单工程量计算表

序号	项目编码	项目名称	计量单位	计 算 式	数量
1	010101001001	平整场地	m^2	$(4.5+0.24)\times(12.3+0.24)+3.5\times(3.5+0.24)=72.43$	72.43

表3-2 计价工程量计算表

序号	项目编码	项目名称	计量单位	计 算 式	数量
1	1-84	平整场地	m^2	$S=S_{底}+2L_{周}+16$ $=72.43+2\times(12.3+0.24+8.24)\times2+16$ $=171.55$	171.55

表3-3 分部分项工程和单价措施项目清单与计价表

项目编码	项目名称	项目特征	计量单位	工程量	金额/元		
					综合单价	合价	其中：暂估价
010101001001	平整场地	①土壤类别：二类土 ②弃土运距：3km ③弃土土方量：$8.5m^3$	m^2	72.43			

【例3-2】 某工程需用如图3-2所示预制钢筋混凝土方桩150根，已知混凝土强度等级为C40，土壤级别为二类土，施工采用走管式柴油打桩机打预制钢筋混凝土方桩，求该工程预制钢筋混凝土方桩的清单工程量和计价工程量，并填写清单工程量计算表（表3-4），计价工程量计算表（表3-5）和分部分项工程和单价措施项目清单与计价表（表3-6）。

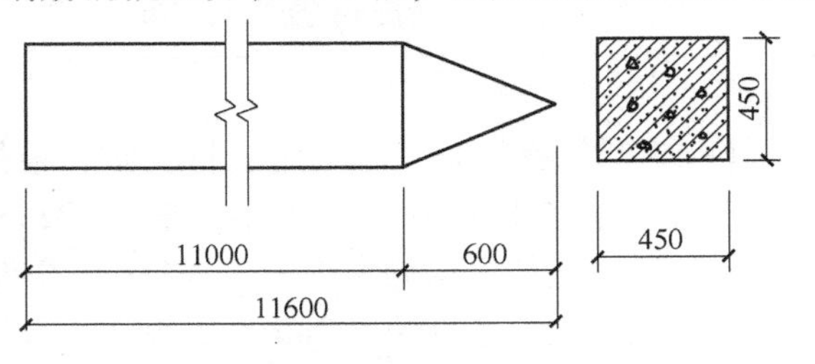

图3-2 预制钢筋混凝土方桩示意图

【解】计算思路及步骤：

1. 计算方桩清单工程量

1）以米计量，按设计图示尺寸以桩长（包括桩尖）计算

方桩清单工程量 $=11.6m\times150=1740m$

2）以立方米计量，按设计图示截面积乘以桩长（包括桩尖）以实体积计算

方桩清单工程量 $=11.6\times150\times0.45\times0.45m^3=352.50m^3$

3）以根计量，按设计图示数量计算

方桩清单工程量 $=150$ 根

2. 计算方桩计价（定额）工程量

预制钢筋混凝土方桩的定额工程量，应按设计桩长（包括桩尖长度，不扣除桩尖虚体

积）乘桩身断面积以 m^3 计算。

则：$V_1=0.45\times0.45\times11.6m^3=2.35m^3$

150 根方桩的定额工程量 $V=2.35\times150m^3=352.50m^3$

3. 计算并填写清单

详见工程量计算表（表 3-4），计价工程量计算表（表 3-5）和分部分项工程和单价措施项目清单与计价表（表 3-6）。

表 3-4　清单工程量计算表

序号	项目编码	项目名称	计量单位	计　算　式	工程量
1	010301001001	预制钢筋混凝土方桩	根（或 m，m^3）	150 根 （或 $11.6\times150=1740m$） （或 $0.45\times0.45\times11.6\times150m^3=352.50m^3$）	150 根 （或 1740m，$352.50m^3$）

表 3-5　计价工程量计算表

序号	定额编码	项目名称	计量单位	计　算　式	工程量
1	2-5	预制钢筋混凝土方桩	m^3	$V_1=0.45\times0.45\times11.6=2.35m^3$ $V=2.35\times150=352.50m^3$	352.50

表 3-6　分部分项工程和单价措施项目清单与计价表

项目编码	项目名称	项目特征	计量单位	工程量	金额/元		
					综合单价	合价	其中：暂估价
010301001001	预制钢筋混凝土方桩	土壤级别：二级 单根长度：11.6m 根数：150 混凝土强度等级：C40	根	150			

【例 3-3】 某边坡工程采用土钉支护，根据岩土工程勘察报告，地层为带块石的碎石土，直径为土钉成孔 90mm，采用 1 根 HRB335，直径为 25mm 的钢筋作为杆体，成孔深度均为 10.0m，土钉入射倾角为 15°，杆筋送入钻孔后，灌注 M30 水泥砂浆。混凝土面板采用 C20 喷射混凝土，厚度为 120mm，如图 3-3、图 3-4 所示。根据以上背景资料试列出该边坡分部分项工程量清单（不考虑挂网及锚杆、喷射平台等内容），并填写分部分项工程和单价措施项目清单与计价表（表 3-7）。

【解】

1. 计算清单工程量

（1）土钉 $n=91$ 根

（2）喷射混凝土

AB 段：$S_1=8\div\sin60\times15=138.56m^2$

BC 段：$S_2=(10+8)\div2\div\sin60\times4=41.57m^2$

CD 段：$S_3=10\div\sin60\times20=230.94m^2$

$S=(138.56+41.57+230.94)m^2=411.07m^2$

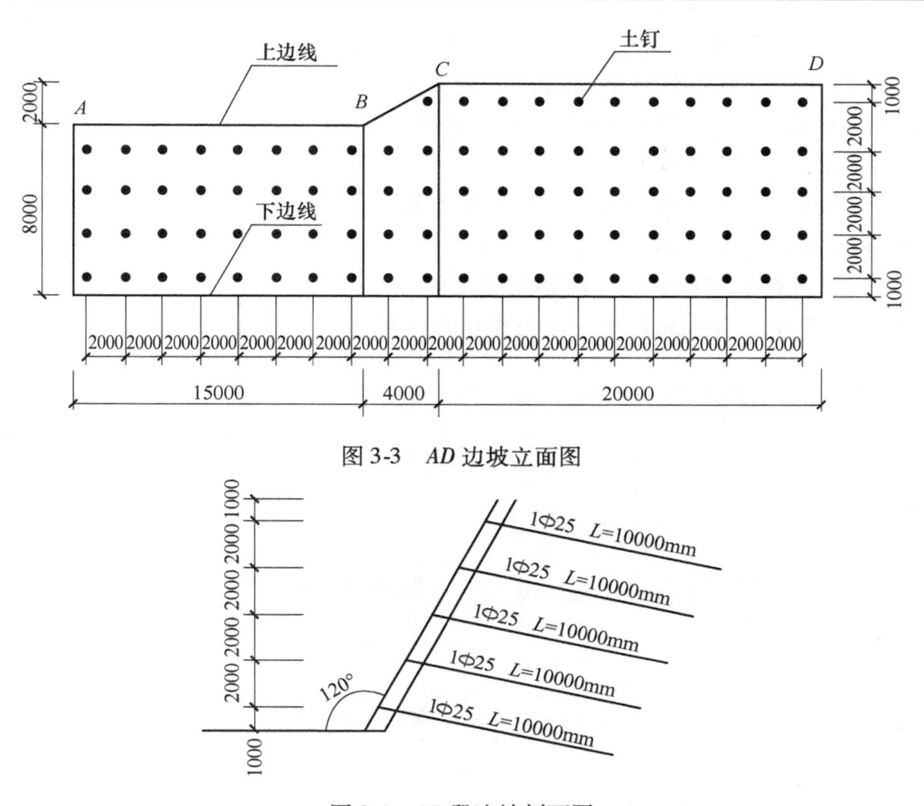

图3-3　*AD* 边坡立面图

图3-4　*AD* 段边坡剖面图

2. 填写分部分项工程和单价措施项目清单与计价表（表3-7）

表3-7　分部分项工程和单价措施项目清单与计价表

序号	项目编码	项目名称	项目特征描述	计量单位	工程量	金额/元	
						综合单价	合价
1	010202008001	土钉	1. 地层情况：四类土 2. 钻孔深度：10m 3. 钻孔直径：90mm 4. 置入方法：钻孔置入 5. 杆体材料品种、规格、数量：1根HRB335，直径25mm的钢筋 浆液种类、强度等级：M30水泥砂浆	根	91		
2	010202009001	喷射混凝土	1. 部位：*AD* 段边坡 2. 厚度：120mm 3. 材料种类：喷射混凝土 4. 混凝土（砂浆）种类、强度等级：C20	m^2	411.07		

【例3-4】 某框架办公楼工程，结构形式为现浇混凝土框架结构，3.2m梁配筋图如图3-5所示。抗震等级为二级，混凝土强度等级均为C25。钢筋保护层厚度：梁、柱均为

25mm，板为 20mm。KZ 截面尺寸均为 500mm × 500mm，现浇板厚均为 100mm。KL5 钢筋的计算长度按下列要求计算：框架梁纵筋伸入端支座的长度按（支座宽 − 保护层 + 15d）计算，钢筋的锚固长度 L_{aE} = 39d。钢筋理论质量：Φ 8：0.395kg/m，Φ 18：2.000kg/m，Φ 20：2.47kg/m，Φ 22：2.98kg/m。

1. 计算本层现浇混凝土有梁板项目的清单工程量，项目编码为 010505001，按照要求填写清单工程量计算表（表 3-8）。

2. 计算 KL5 的钢筋工程量，按照要求填写工程量计算表（表 3-9）。

3. 填写分部分项工程和单价措施项目清单与计价表（表 3-10）。

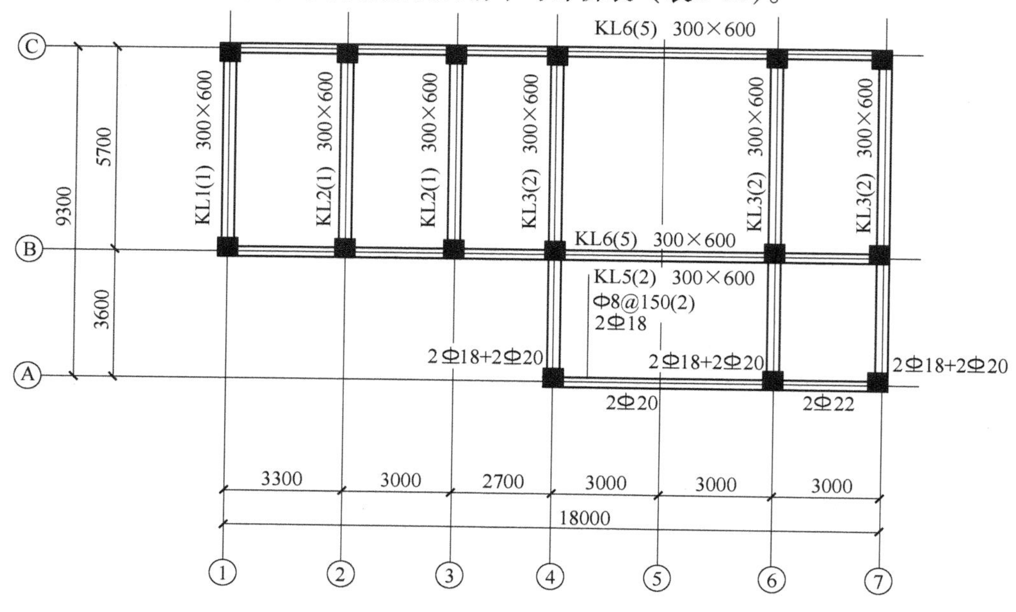

图 3-5　3.2m 梁配筋图

表 3-8　混凝土工程量计算表

项目编码	项目名称	单位	工程量	计　算　式
010505001001	现浇 C25 有梁板混凝土	m³	25.61	梁：[（18 − 0.5 × 4 − 0.35 × 2）× 2 +（5.7 − 0.35 × 2）× 3 +（9.3 − 0.5 − 0.35 × 2）× 3 +（9 − 0.5 − 0.35 × 2）] × 0.3 ×（0.6 − 0.1）= 11.66 板：[（18.3 × 6 + 9.3 × 3.6）− 0.5 × 0.5 × 15] × 0.1 = 13.95 V = 11.66 + 13.95 = 25.61

表 3-9　钢筋工程量计算表

钢筋类型	直径	单位	计　算　式
上部贯通筋	Φ18	kg	[9 − 0.35 × 2 +（0.5 − 0.025 + 15 × 0.018）× 2] × 2 × 2.00 = 9.79 × 2 × 2.00 = 39.16
支座负筋	Φ20	kg	[（0.5 − 0.025 + 15 × 0.020 + 5.4/3）+（5.4/3 + 0.5）+（3 − 0.25 − 0.35）+（0.5 − 0.025 + 15 × 0.020）] × 2 × 2.47 =（2.575 + 5.475）× 2 × 2.47 = 8.05 × 2 × 2.47 = 39.77

（续）

钢筋类型	直径	单位	计算式
下部钢筋	Φ20 Φ22	kg	(0.5 − 0.025 + 15 × 0.02 + 5.4 + 39 × 0.02) × 2 × 2.47 = 6.955 × 2 × 2.47 = 34.36 (39 × 0.022 + 2.4 + 0.5 − 0.025 + 15 × 0.022) × 2 × 2.98 = 4.063 × 2 × 2.98 = 24.21
箍筋	Φ8	kg	L = [(0.3 + 0.6) × 2 − 8 × 0.025 − 4 × 0.008 + 2 × 11.9 × 0.008] m = 1.758m 根数：(6 − 0.35 − 0.25 − 0.05 × 2) /0.15 + (3 − 0.35 − 0.25 − 0.05 × 2) /0.15 + 2 = 36 + 16 + 2 = 54 根 质量：1.758 × 54 × 0.395kg = 37.50kg
合计	Φ	kg	37.50
	Φ	kg	39.16 + 39.77 + 34.36 + 24.21 = 137.5

表 3-10　分部分项工程和单价措施项目清单与计价表

序号	项目编码	项目名称	项目征描述	计量单位	工程量	金额/元	
						综合单价	合价
1	010505001001	有梁板	混凝土种类：现浇混凝土 混凝土强度等级：C25	m^3	25.61		
2	010515001001	现浇构件钢筋	普通钢筋Φ5mm 以上的	t	0.038		
3	010515001002	现浇构件钢筋	Φ钢筋	t	0.138		

3.3　房屋建筑与装饰工程计量实训

3.3.1　土石方工程工程量计算实训

【土石方工程工程量计算实训 1】某建筑物首层平面图如图 3-6 所示，外墙厚 240mm，轴线居中，施工采用人工平整场地，计算人工平整场地清单工程量和计价工程量，并填写清单工程量计算表（表 3-11）、计价工程量计算表（表 3-12）和分部分项工程和单价措施项目清单与计价表（表 3-13）。已知场地土为二类土，弃土 5.12m^3，弃土运距 5km。

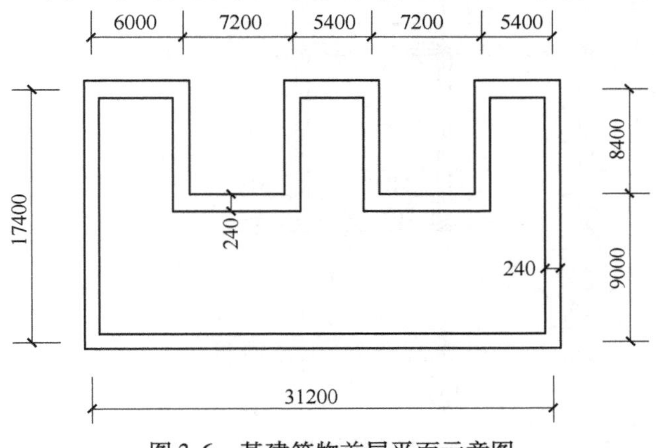

图 3-6　某建筑物首层平面示意图

表 3-11 清单工程量计算表

序号	项目编码	项目名称	计量单位	计 算 式	工程量
1					

表 3-12 计价工程量计算表

序号	定额编号	项目名称	计量单位	计 算 式	工程量
1					

表 3-13 分部分项工程和单价措施项目清单与计价表

项目编码	项目名称	项目特征	计量单位	工程量	金额/元		
					综合单价	合价	其中：暂估价

【土石方工程工程量计算实训 2】某建筑物首层平面图如图 3-7 所示，计算人工平整场地清单工程量和计价工程量，并填写清单工程量计算表（表 3-14）、计价工程量计算表（表 3-15）和分部分项工程和单价措施项目清单与计价表（表 3-16）。已知场地土为一类土。

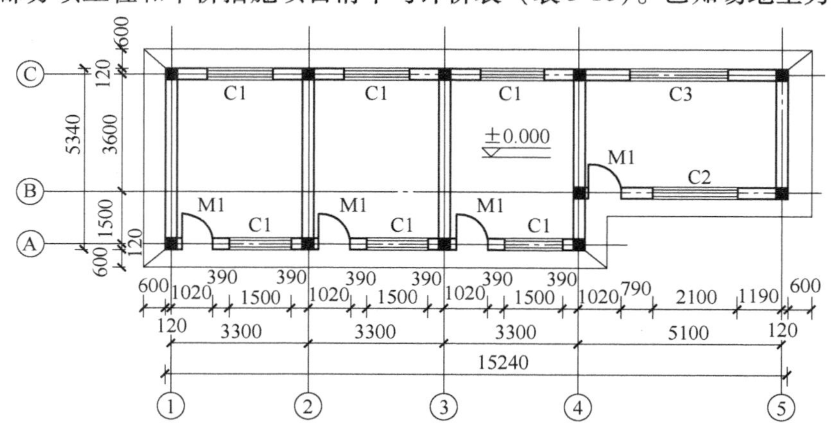

图 3-7 某建筑物首层平面示意图

表3-14　清单工程量计算表

序号	项目编码	项目名称	计量单位	计　算　式	工程量
1					

表3-15　计价工程量计算表

序号	定额编码	项目名称	计量单位	计　算　式	工程量
1					

表3-16　分部分项工程和单价措施项目清单与计价表

项目编码	项目名称	项目特征	计量单位	工程量	金额（元）		
					综合单价	合价	其中：暂估价

【土石方工程工程量计算实训3】某工程平整场地工程量计算示意图如图3-8所示。墙厚均为240mm，轴线居中。计算人工平整场地清单工程量和计价工程量，并填写清单工程量计算表（表3-17）、计价工程量计算表（表3-18）和分部分项工程和单价措施项目清单与计价表（表3-19）。

已知场地土为二类土，取土6.5m^3，取土运距10km。

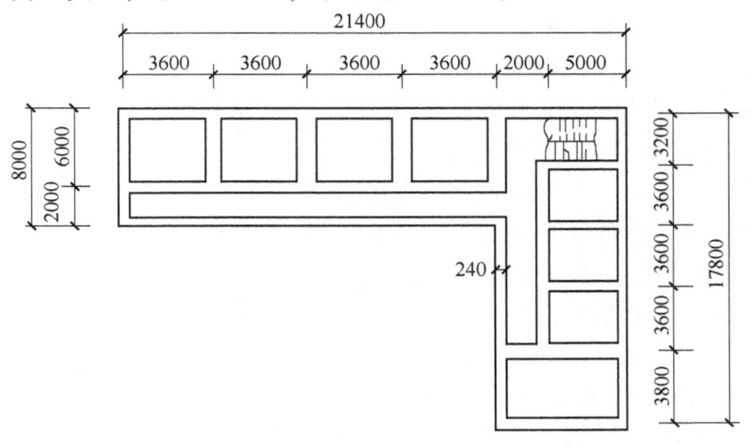

图3-8　某工程平整场地工程量计算示意图

表 3-17　清单工程量计算表

序号	项目编码	项目名称	计量单位	计　算　式	工程量
1					

表 3-18　计价工程量计算表

序号	定额编码	项目名称	计量单位	计　算　式	工程量
1					

表 3-19　分部分项工程和单价措施项目清单与计价表

项目编码	项目名称	项目特征	计量单位	工程量	金额/元		
					综合单价	合价	其中：暂估价

【土石方工程工程量计算实训 4】某工程纵横墙基均采用同一断面的带形基础，基础总长为 160m，基础上部为 370 实心砖墙。带基结构尺寸见图 3-9。混凝土采用现场搅拌，基础垫层为 C10 混凝土，带形基础及其他构件均为 C20 混凝土。招标文件要求：弃土采用汽车运输，运距 2km，基坑夯实回填，挖、填土方计算均按天然密实土。施工方案确定：基础土方为人工放坡开挖，工作面每边 300mm，自垫层下表面开始放坡，坡度系数为 0.33；余土全部外运，试计算该带形基础相关土方项目（挖土和填土）的清单工程量和计价工程量，并填写清单工程量计算表（表 3-20）、计价工程量计算表（表 3-21）和分部分项工程和单价措施项目清单与计价表（表 3-22）。

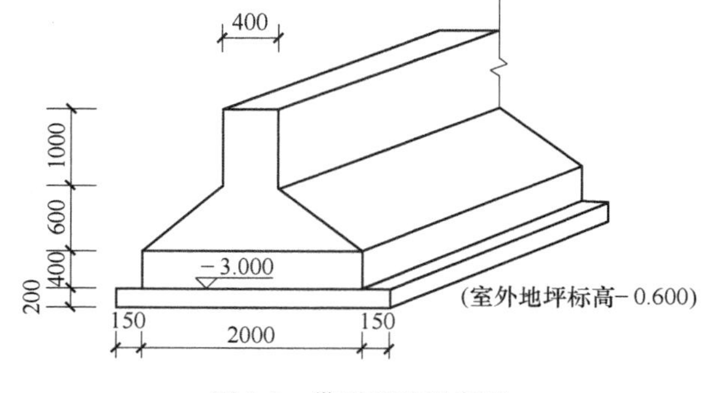

图 3-9　带形基础示意图

表 3-20　清单工程量计算表

序号	项目编码	项目名称	计量单位	计　算　式	工程量
1					
2					

表 3-21　计价工程量计算表

序号	定额编码	项目名称	计量单位	计　算　式	工程量
1					
2					

表 3-22　分部分项工程和单价措施项目清单与计价表

项目编码	项目名称	项目特征	计量单位	工程量	金额/元		
					综合单价	合价	其中：暂估价

【土石方工程工程量计算实训 5】某建筑物基础平面图及剖面图如图 3-10 所示，土壤类别为二类土，带形砖基础下混凝土垫层为 150mm 厚，施工拟采用反铲挖掘机机械大开挖，计算挖基础土方、基础回填土、土方运输工程量（运土运距 5km，放坡系数 1∶0. 33），并填写清单工程量计算表（表 3-23），计价工程量计算表（表 3-24）和分部分项工程和单价措施项目清单与计价表（表 3-25）。

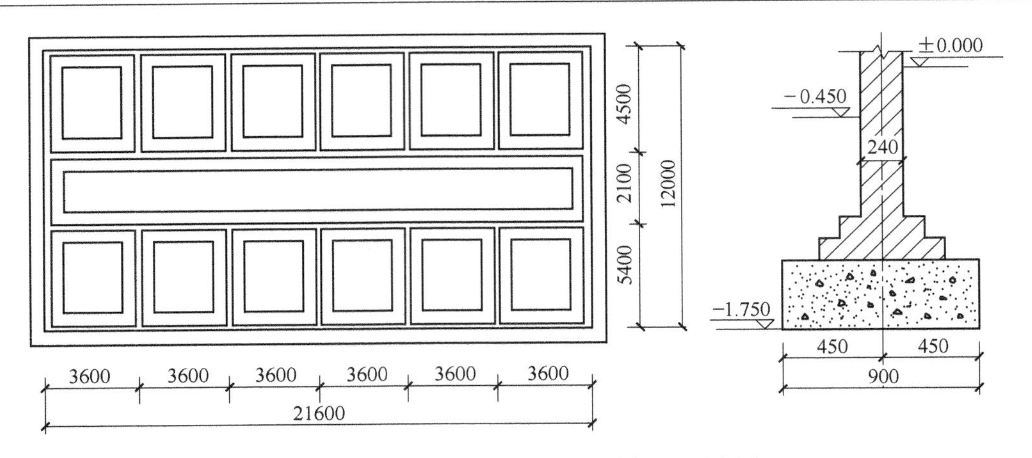

图 3-10　某建筑物基础平面图及剖面图示意图

表 3-23　清单工程量计算表

序号	项目编码	项目名称	计量单位	计　算　式	工程量
1					
2					
3					

表 3-24　计价工程量计算表

序号	定额编号	项目名称	计量单位	计　算　式	工程量
1					
2					
3					

表 3-25　分部分项工程和单价措施项目清单与计价表

项目编码	项目名称	项目特征	计量单位	工程量	金额/元		
					综合单价	合价	其中：暂估价

【土石方工程工程量计算实训6】某工程基础平面图、剖面图如图3-11所示，基础采用满堂基础、混凝土垫层，垫层混凝土为C15，满堂基础混凝土为C30，土壤类别为三类土，室外地坪标高为-0.45m。内外墙均采用M5.0水泥砂浆砌筑，MU10粘土砖，内墙为240mm，外墙为370mm。采用人工挖土方，余土外运距离为2km。试计算挖基础土方的清单工程量及计价工程量，并填写清单工程量计算表（表3-26）、计价工程量计算表（表3-27）和分部分项工程和单价措施项目清单与计价表（表3-28）。

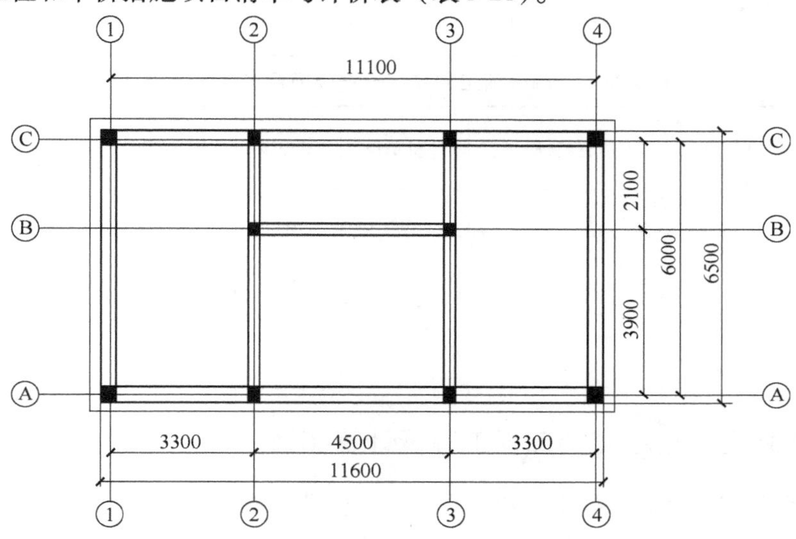

满堂基础平面布置图

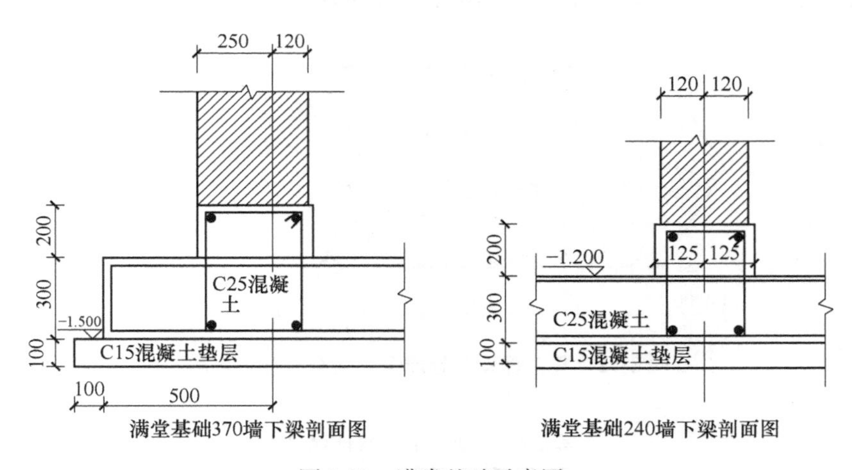

满堂基础370墙下梁剖面图　满堂基础240墙下梁剖面图

图3-11　满堂基础示意图

表3-26　清单工程量计算表

序号	项目编码	项目名称	计量单位	计　算　式	工程量
1					

表 3-27　计价工程量计算表

序号	定额编号	项目名称	计量单位	计　算　式	工程量
1					

表 3-28　分部分项工程和单价措施项目清单与计价表

项目编码	项目名称	项目特征	计量单位	工程量	金额/元		
					综合单价	合价	其中：暂估价

3.3.2　地基处理与边坡支护工程工程量计算实训

【地基处理与边坡支护工程工程量计算实训 1】某工程地基处理采用强夯地基工程，夯点布置如图 3-12 所示，夯击能 200t · m，每坑击数 5 击，设计要求第一遍、第二遍为隔点夯击，第三遍为低锤满夯。土质为二类土，试计算其强夯地基清单工程量，并填写清单工程量计算表 3-29。

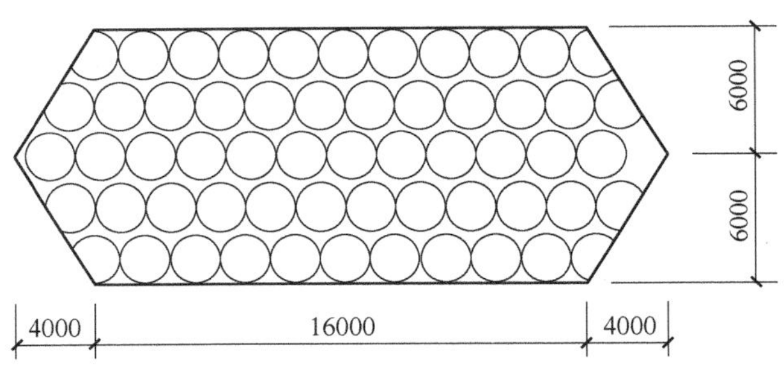

图 3-12　某工程地基处理采用强夯地基示意图

表 3-29　清单工程量计算表

序号	项目编码	项目名称	计量单位	计　算　式	工程量
1					

【地基处理与边坡支护工程工程量计算实训2】某幢别墅工程基底为可塑粘土，不能满足设计承载力要求，采用水泥粉煤灰碎石桩进行地基处理，桩径为400mm，桩体强度等级为C20，桩数为52根，设计桩长为10m，桩端进入硬塑粘土层不少于1.5m，桩顶在地面以下1.5～2m，水泥粉煤灰碎石桩采用振动沉管灌注桩施工，桩顶采用200mm厚人工级配砂石（砂:碎石=3:7，最大粒径30mm）作为褥垫层，如图3-13、图3-14所示。根据以上背景资料试计算该工程地基处理分部分项工程的清单工程量，并填写清单工程量计算表（表3-30）和分部分项工程和单价措施项目清单与计价表（表3-31）。

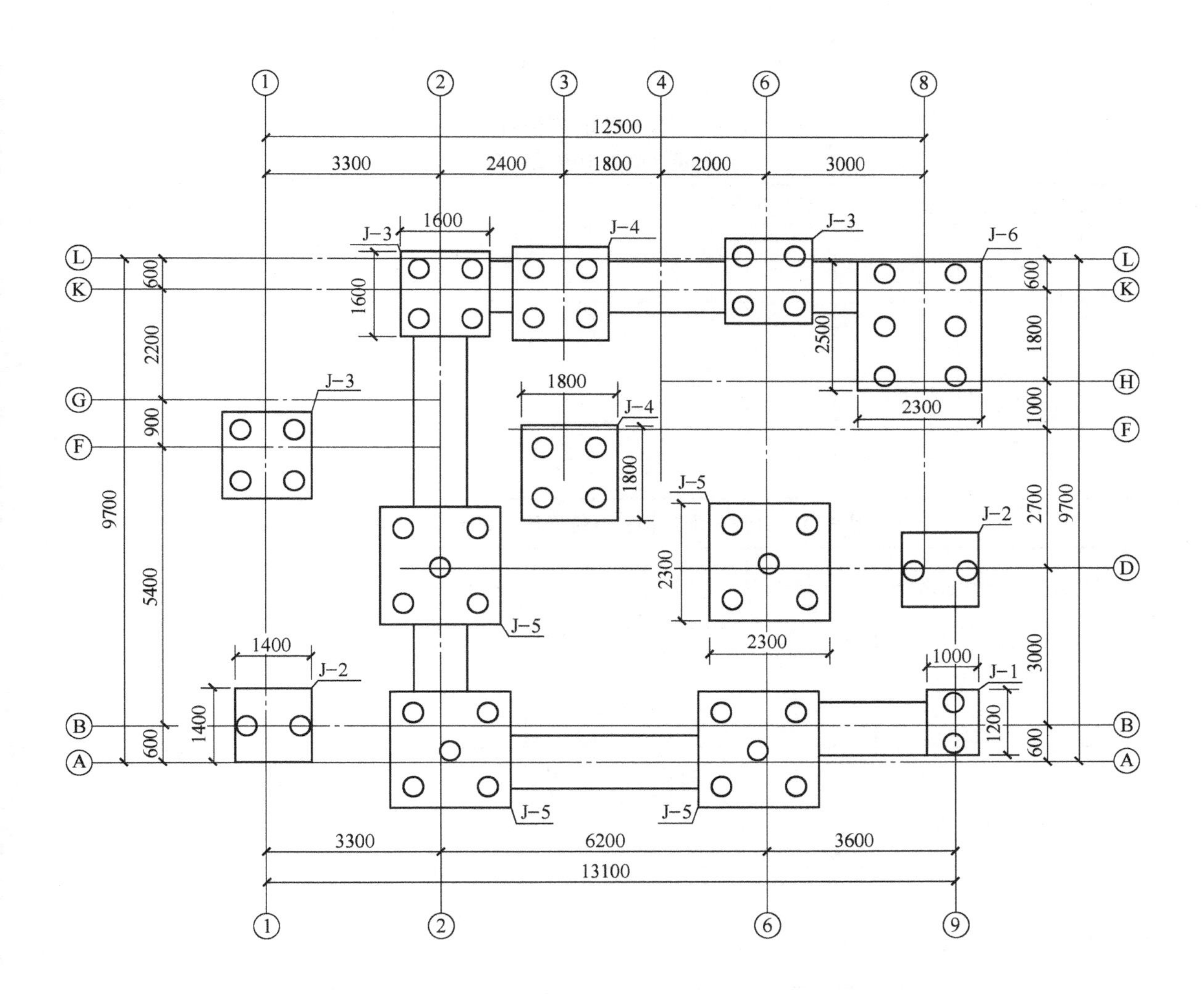

图3-13　某幢别墅水泥粉煤灰碎石桩平面图

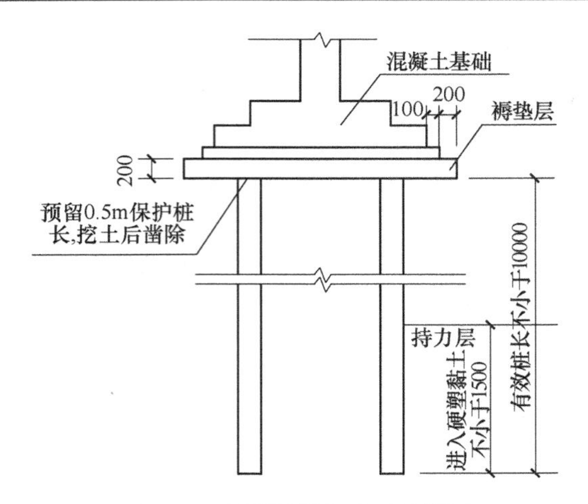

图 3-14　水泥粉煤灰碎石桩详图

表 3-30　清单工程量计算表

序号	项目编码	项目名称	计量单位	计　算　式	工程量
1					
2					
3					

表 3-31　分部分项工程和单价措施项目清单与计价表

项目编码	项目名称	项目特征	计量单位	工程量	金额/元		
					综合单价	合价	其中：暂估价

3.3.3　桩基工程工程量计算实训

【桩基工程工程量计算实训 1】某建筑物基础为人工成孔灌注桩，桩身剖面如图 3-15 所示，土壤类别为三类土。计算其人工挖桩孔清单工程量，并填写清单工程量计算表（表 3-32）。

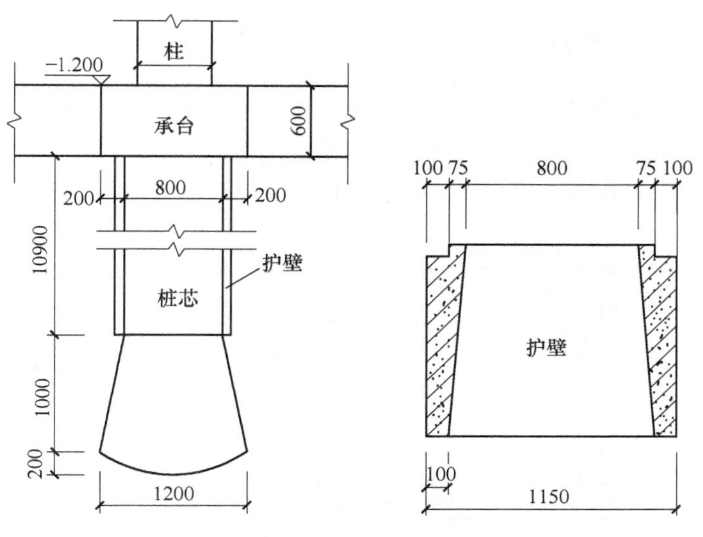

图 3-15　某桩基工程示意图

表 3-32　清单工程量计算表

序号	项目编码	项目名称	计量单位	计　算　式	工程量
1					

【桩基工程工程量计算实训 2】图 3-16 为某工程桩基示意图，打桩机打 400mm × 400mm 预制混凝土方桩，桩上为钢筋混凝土承台，该工程共有 56 个承台，计算预制钢筋混凝土方桩清单工程量，并填写清单工程量计算表（表 3-33）。

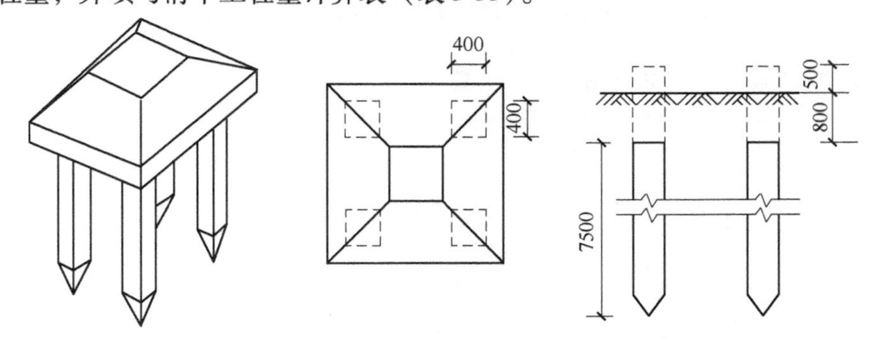

图 3-16　某工程桩基示意图

表 3-33　清单工程量计算表

序号	项目编码	项目名称	计量单位	计　算　式	工程量
1					

3.3.4　砌筑工程工程量计算实训

【砌筑工程工程量计算实训 1】某建筑物基础为 M5 水泥砂浆砌砖基础，三七灰土垫层，平面图及剖面图如图 3-17 所示，轴线居中，计算砖基础清单工程量，并填写清单工程量计算表（表 3-34）和分部分项工程和单价措施项目清单与计价表（表 3-35）。

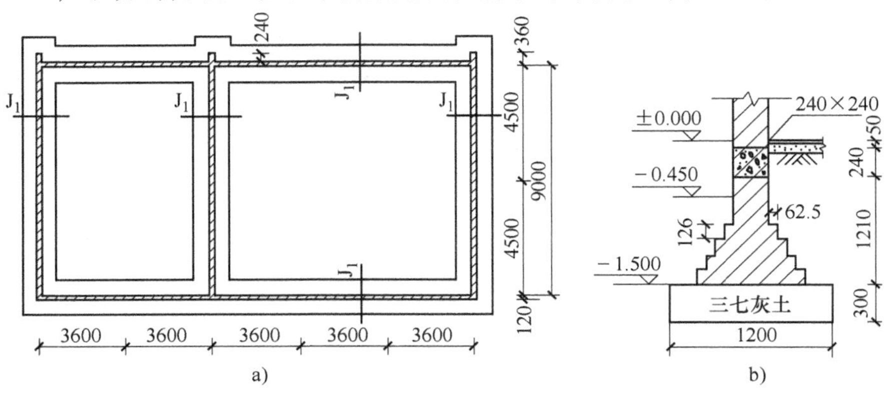

图 3-17　砖基础平面及剖面示意图

表 3-34　清单工程量计算表

序号	项目编码	项目名称	计量单位	计　算　式	工程量
1					

表 3-35　分部分项工程和单价措施项目清单与计价表

项目编码	项目名称	项目特征	计量单位	工程量	金额/元		
					综合单价	合价	其中：暂估价

【砌筑工程工程量计算实训 2】某建筑物基础为 M5 水泥砂浆砌砖基础，300 厚 C20 混凝土垫层，平面图及剖面图如图 3-18 所示，计算砖基础及垫层清单工程量，并填写清单工程量计算表（表 3-36）和分部分项工程和单价措施项目清单与计价表（表 3-37）。

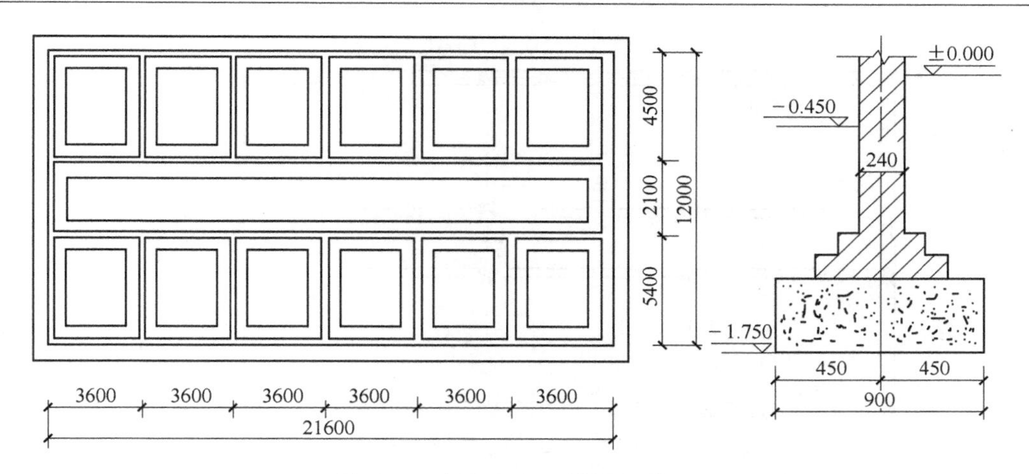

图3-18　砖基础平面及剖面示意图

表3-36　清单工程量计算表

序号	项目编码	项目名称	计量单位	计　算　式	工程量
1					
2					

表3-37　分部分项工程和单价措施项目清单与计价表

项目编码	项目名称	项目特征	计量单位	工程量	金额/元		
					综合单价	合价	其中：暂估价

【砌筑工程工程量计算实训3】某单层建筑物，框架结构，尺寸如图3-19所示，墙身用M5.0混合砂浆砌筑加气混凝土砌块，厚度为240mm；女儿墙砌筑空心砖，混凝土压顶断面240mm×60mm，墙厚均为240mm；隔墙为120mm厚实心砖墙。框架柱断面240mm×240mm到女儿墙顶，框架梁断面240mm×400mm，门窗洞口上均采用现浇钢筋混凝土过梁，断面240mm×180mm。M1：1560mm×2700mm；M2：1000mm×2700mm；C1：1800mm×1800mm；C2：1560mm×1800mm。试计算墙体清单工程量，并填写清单工程量计算表（表3-38）和分部分项工程和单价措施项目清单与计价表（表3-39）。

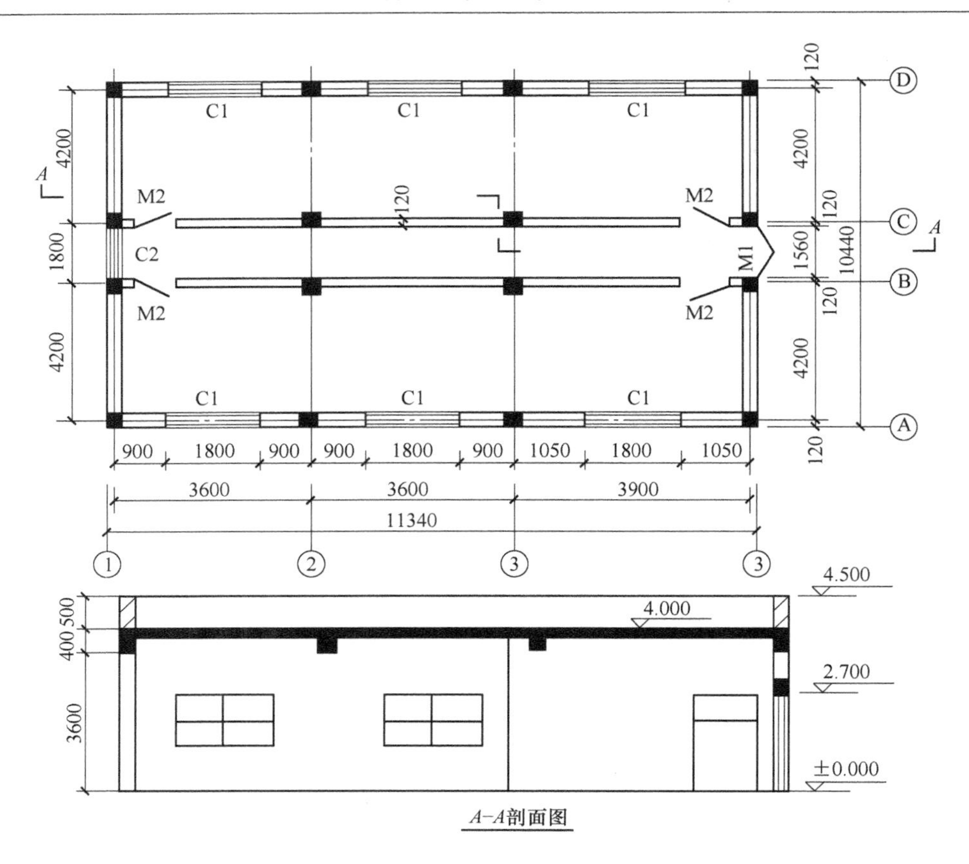

图 3-19　单层建筑物平面图及剖面图示意图

表 3-38　清单工程量计算表

序号	项目编码	项目名称	计量单位	计　算　式	工程量
1					
2					
3					

表 3-39　分部分项工程和单价措施项目清单与计价表

项目编码	项目名称	项目特征	计量单位	工程量	金额/元		
					综合单价	合价	其中：暂估价

【砌筑工程工程量计算实训4】某单层建筑物如图3-20所示，墙身为M5.0混合砂浆砌筑MU10标准粘土砖，内外墙厚为240mm，构造柱从基础圈梁到女儿墙顶，门窗洞口上全部采用预制钢筋混凝土过梁。M1：1500mm×2700mm；M2：1000mm×2700mm；C1：1800mm×1800mm；C2：1500mm×1800mm。试计算该工程砖墙的清单工程量，并填写清单工程量计算表（表3-40）和分部分项工程和单价措施项目清单与计价表（表3-41）。

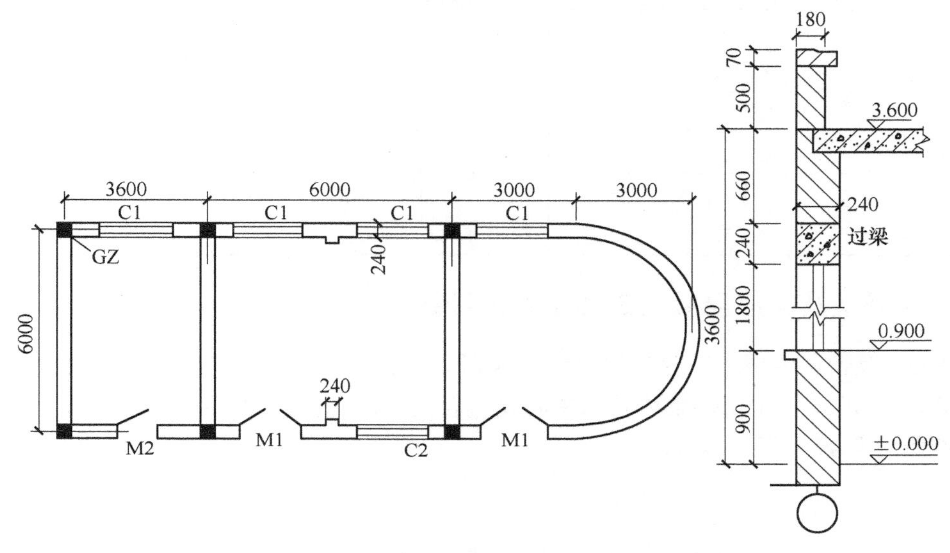

图3-20　单层建筑物平面图及墙体剖面图示意图

表3-40　清单工程量计算表

序号	项目编码	项目名称	计量单位	计　算　式	工程量
1					
2					
3					
4					

表 3-41　分部分项工程和单价措施项目清单与计价表

项目编码	项目名称	项目特征	计量单位	工程量	金额/元		
					综合单价	合价	其中：暂估价

3.3.5　混凝土及钢筋混凝土工程工程量计算

【混凝土及钢筋混凝土工程工程量计算实训 1】某建筑物基础采用 C20 混凝土，结构构造如图 3-21 所示（图中基础轴线均与中心线重合），计算混凝土基础的清单工程量，并填写清单工程量计算表（表 3-42）。

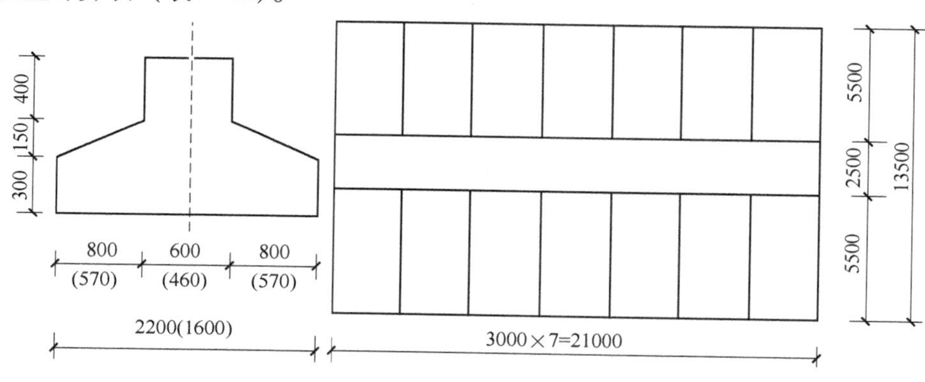

图 3-21　混凝土基础示意图

表 3-42　清单工程量计算表

序号	项目编码	项目名称	计量单位	计　算　式	工程量

【混凝土及钢筋混凝土工程工程量计算实训 2】某楼盖是由板和圈梁现浇而成，其具体尺寸见图 3-22，所有梁宽均为 240mm。计算现浇混凝土圈梁和现浇混凝土板的清单工程量，并填写清单工程量计算表（表 3-43）。

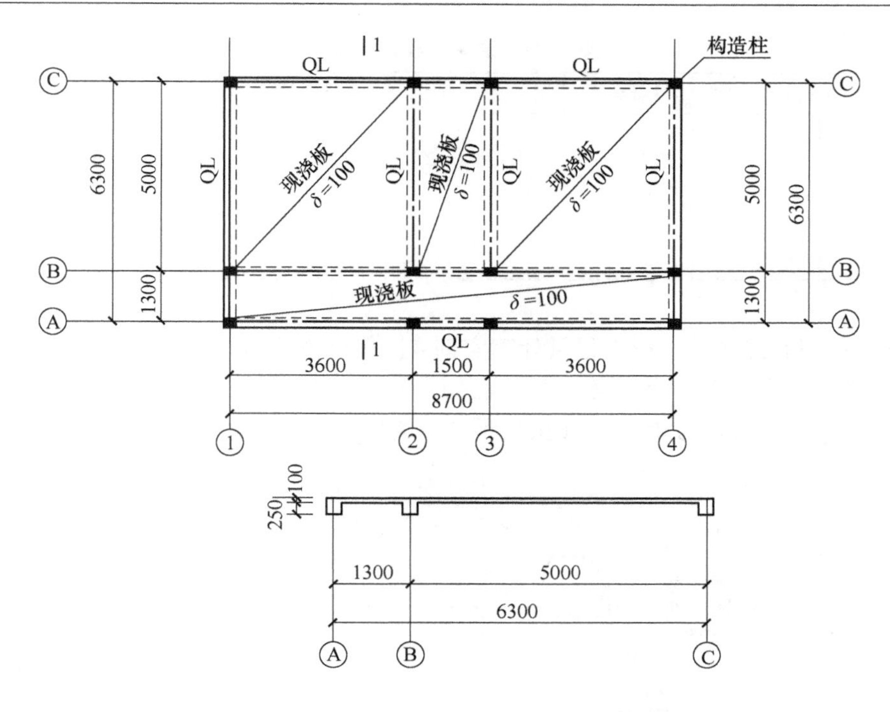

图 3-22　某楼盖板和圈梁示意图

表 3-43　清单工程量计算表

序号	项目编码	项目名称	计量单位	计　算　式	工程量
1					
2					

【混凝土及钢筋混凝土工程工程量计算实训 3】某现浇 C25 混凝土整体楼梯如图 3-23 所示，图中 c 为 300mm。计算楼梯混凝土清单工程量，并填写清单工程量计算表（表 3-44）。

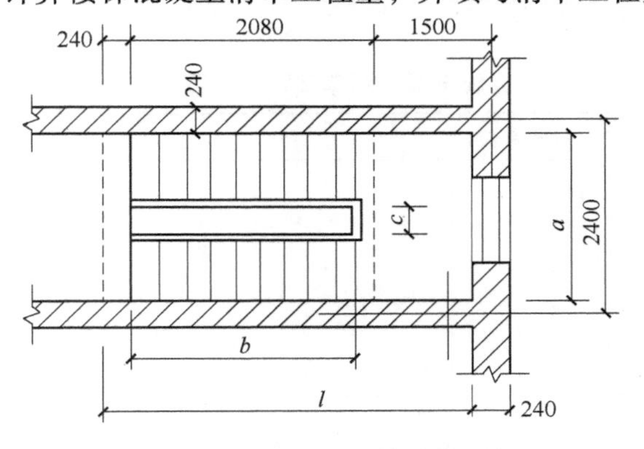

图 3-23　现浇混凝土整体楼梯示意图

表 3-44 清单工程量计算表

序号	项目编码	项目名称	计量单位	计 算 式	工程量

【混凝土及钢筋混凝土工程工程量计算实训 4】根据图 3-24，计算 KZ3 顶层的钢筋清单工程量，并填写清单工程量计算表 3-45。已知：柱纵筋为焊接，本层层高 3.6m，C25 混凝土，三级抗震，顶层梁高为 250mm（按柱顶层纵筋锚入梁内考虑）。

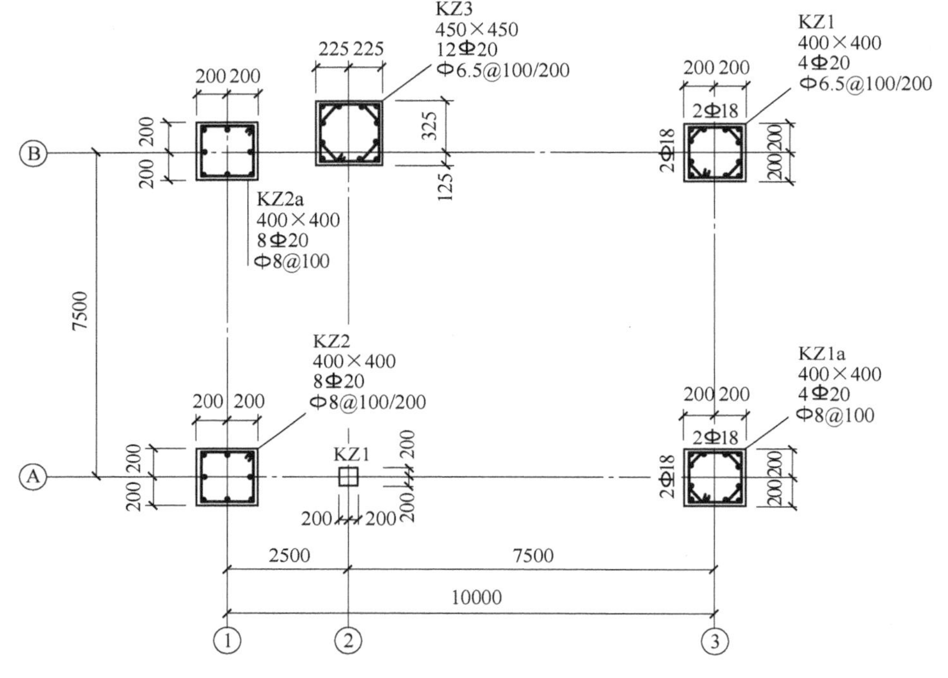

图 3-24 钢筋混凝土框架柱示意图

表 3-45 清单工程量计算表

序号	项目编码	项目名称	计量单位	计 算 式	工程量
1					
2					

【混凝土及钢筋混凝土工程工程量计算实训 5】根据图 3-25 计算 WKL2 钢筋清单工程量，并填写清单工程量计算表（表 3-46）。已知：梁纵向钢筋为焊接，柱截面为 450mm × 450mm。混凝土强度等级 C25，二级抗震。

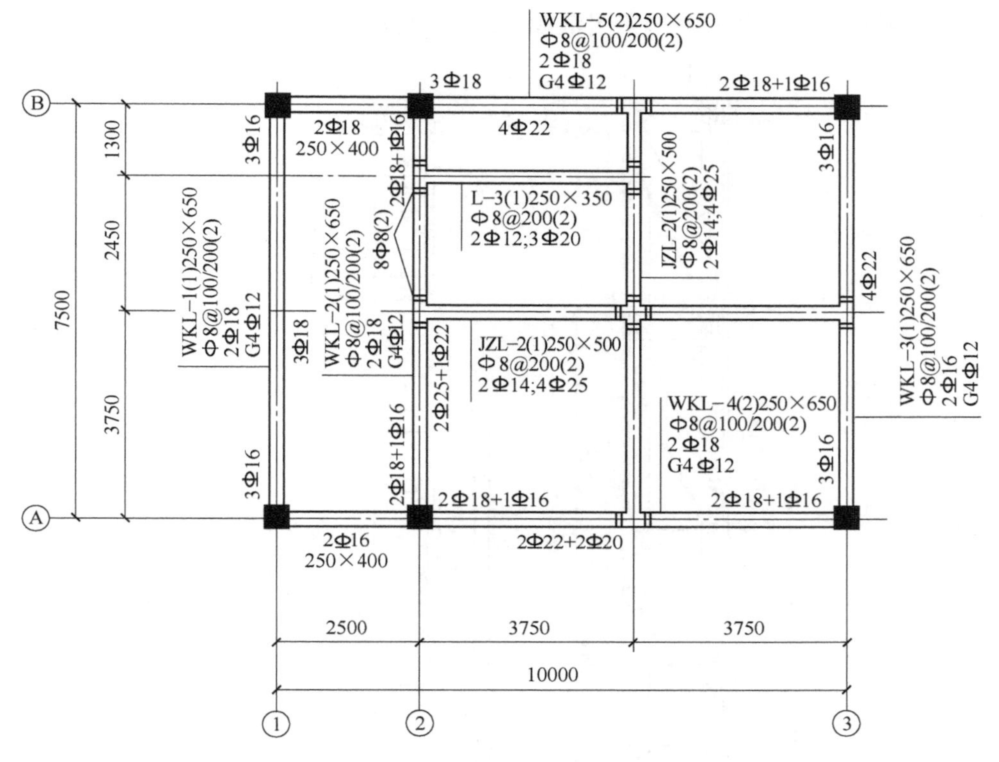

图 3-25　钢筋混凝土屋框梁示意图

表 3-46　清单工程量计算表

序号	项目编码	项目名称	计量单位	计　算　式	工程量
1					
2					

3. 3. 6　金属结构工程工程量计算

【金属结构工程工程量计算实训 1】图 3-26 为某钢柱结构示意图，共计钢柱 20 根，计算钢柱的清单工程量，并填写清单工程量计算表（表3-47）。已知：（1）该柱主体钢材采用槽钢32b，单位质量为43.25 kg/m；（2）水平杆采用角钢100×8，单位质量为12.276 kg/m；（3）斜杆采用角钢100×8，单位质量为12.276 kg/m；（4）底座采用角钢140×10，单位质量为21.488 kg/m；（5）底座采用钢板—12，单位质量为94.20 kg/m²。

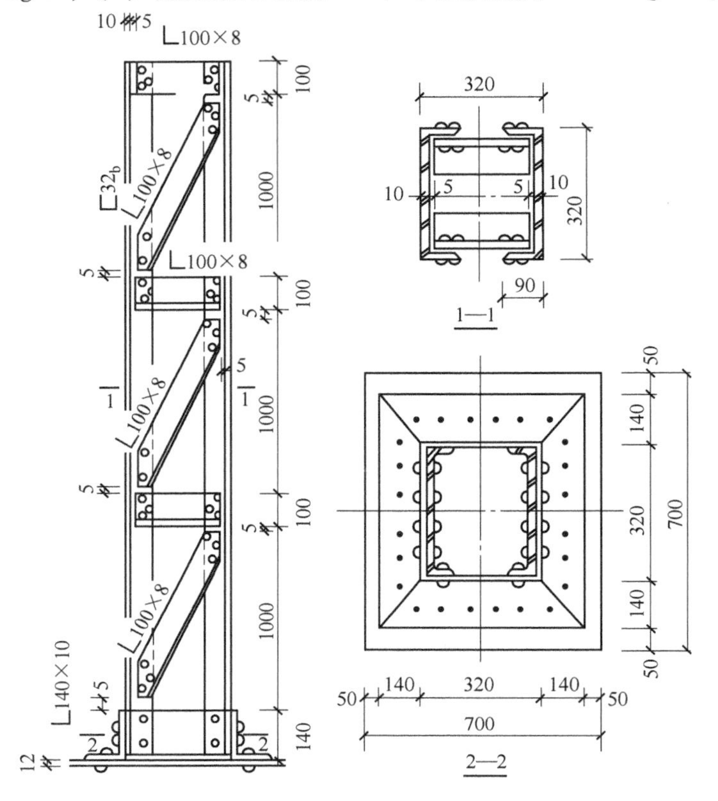

图3-26　某钢柱结构示意图

表3-47　清单工程量计算表

序号	项目编码	项目名称	计量单位	计　算　式	工程量
1					

【金属结构工程工程量计算实训2】计算图3-27所示踏步式钢梯的清单工程量，并填写清单工程量计算表（表3-48）。各类金属构件理论重量为：槽钢32b，单位质量43.25 kg/m；扁钢—200×5，单位质量7.85kg/m；角钢∟110×10，单位质量16.69kg/m；角钢∟200×125×16，单位质量39.045kg/m；角钢∟50×5单位质量3.77 kg/m；角钢∟56×5，单位质量4.251 kg/m。

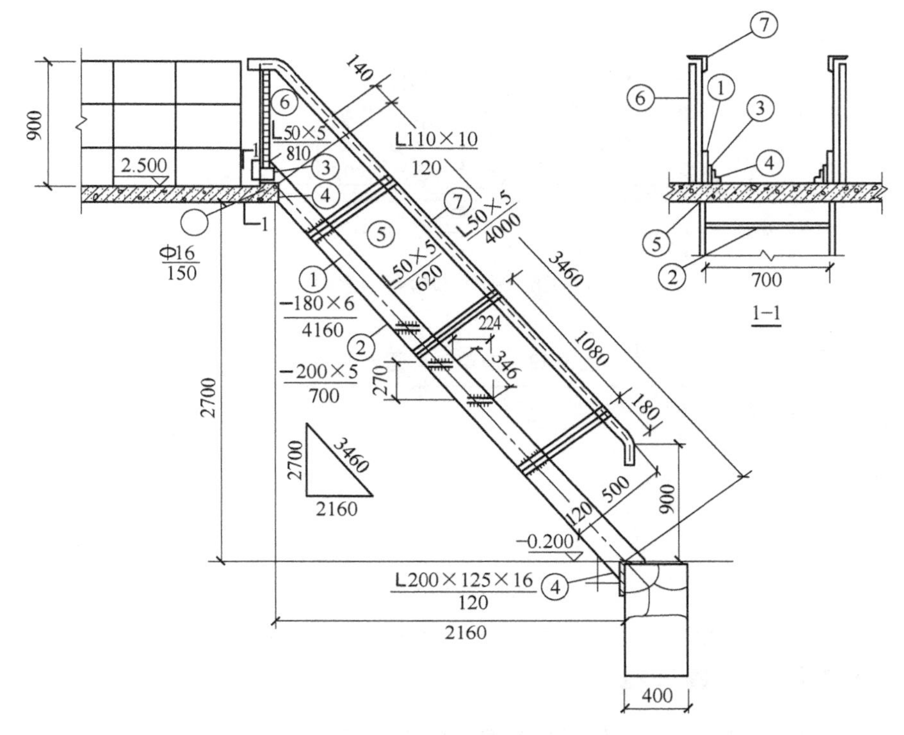

图 3-27　踏步式钢梯

表 3-48　清单工程量计算表

序号	项目编码	项目名称	计量单位	计　算　式	工程量

3.3.7　木结构工程工程量计算

【木结构工程工程量计算实训 1】有一原料仓库，采用圆木木屋架，计 8 榀，如图 3-28 所示，屋架跨度为 8m，坡度为 1/2，四节间，试计算该仓库屋架清单工程量，并填写清单工程量计算表（表 3-49）。

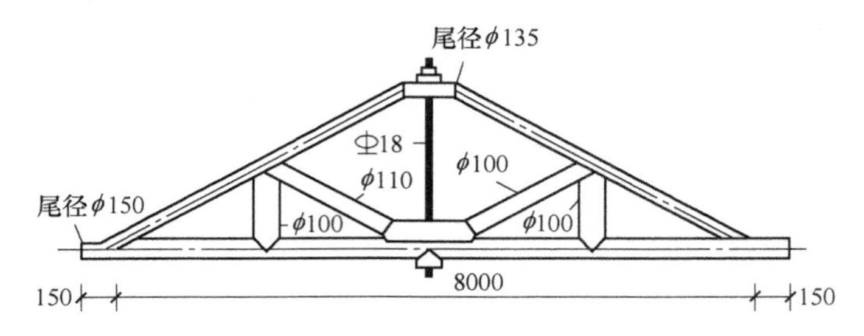

图 3-28 圆木木屋架示意图

表 3-49 清单工程量计算表

序号	项目编码	项目名称	计量单位	计　算　式	工程量
1					

3.3.8 门窗工程工程量计算

【门窗工程工程量计算实训 1】某工程需 50 樘木质连窗门，如图 3-29 所示：已知门洞高 2400mm，窗洞高 1500mm，门洞宽 1200mm，窗洞宽 800mm。计算木质连窗门的清单工程量，并填写清单工程量计算表（表 3-50）。

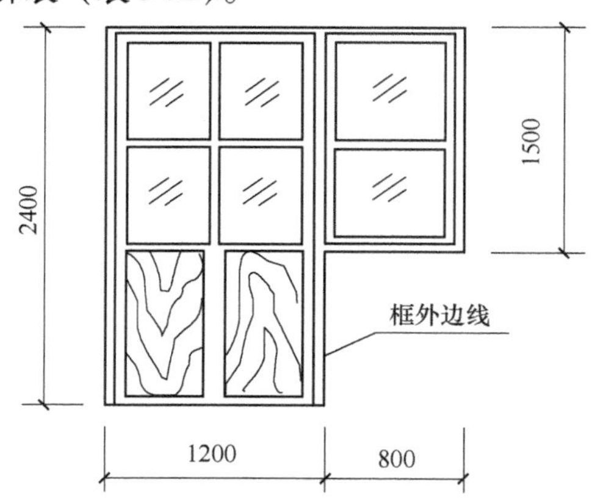

图 3-29 木质连窗门示意图

表 3-50 清单工程量计算表

序号	项目编码	项目名称	计量单位	计　算　式	工程量

【门窗工程工程量计算实训 2】某建筑物一层 12 间商铺的电动卷帘门尺寸示意图如图 3-30 所示，计算金属卷帘门的清单工程量，并填写清单工程量计算表（表 3-51）。

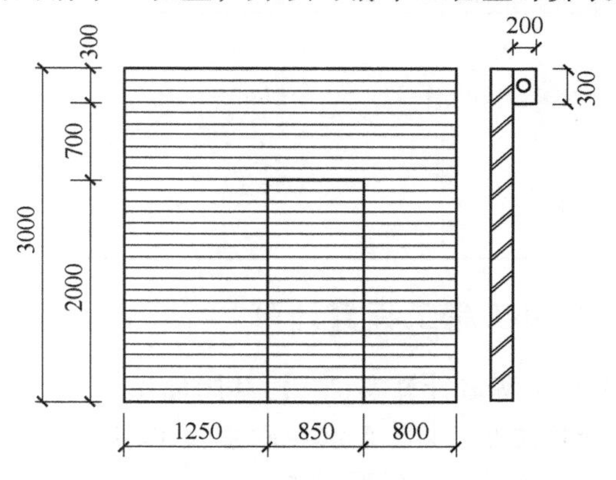

图 3-30　电动卷帘门尺寸示意图

表 3-51　清单工程量计算表

序号	项目编码	项目名称	计量单位	计　算　式	工程量

3.3.9　屋面及防水工程工程量计算

【屋面及防水工程工程量计算实训 1】某建筑物屋面平面图及剖面图如图 3-31 所示，轴线居中，墙厚 240mm，卷材至女儿墙边卷起高度 250mm。计算屋面二毡三油卷材防水清单工程量，并填写清单工程量计算表（表 3-52）。

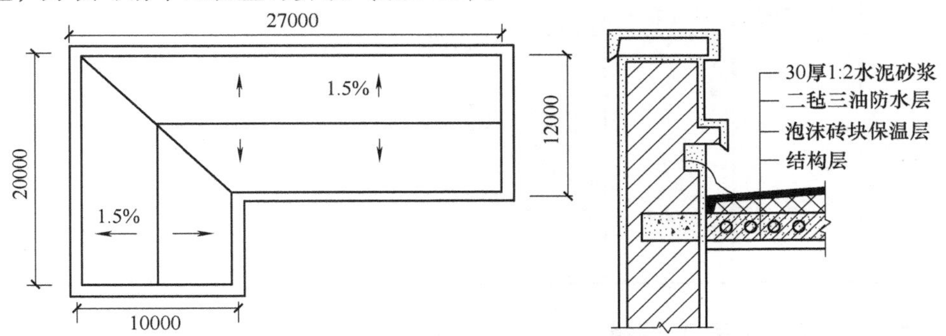

图 3-31　屋面平面图及剖面图示意图

表 3-52　清单工程量计算表

序号	项目编码	项目名称	计量单位	计　算　式	工程量

3.3.10　保温、隔热、防腐工程工程量计算

【保温、隔热、防腐工程工程量计算实训 1】某屋面平面图、剖面图如图 3-32 所示，屋面做法为：二毡三油一砂卷材防水；1∶2.5 水泥砂浆找平层；水泥蛭石保温（最薄 30mm）。计算屋面水泥蛭石保温清单工程量，并填写清单工程量计算表（表 3-53）。

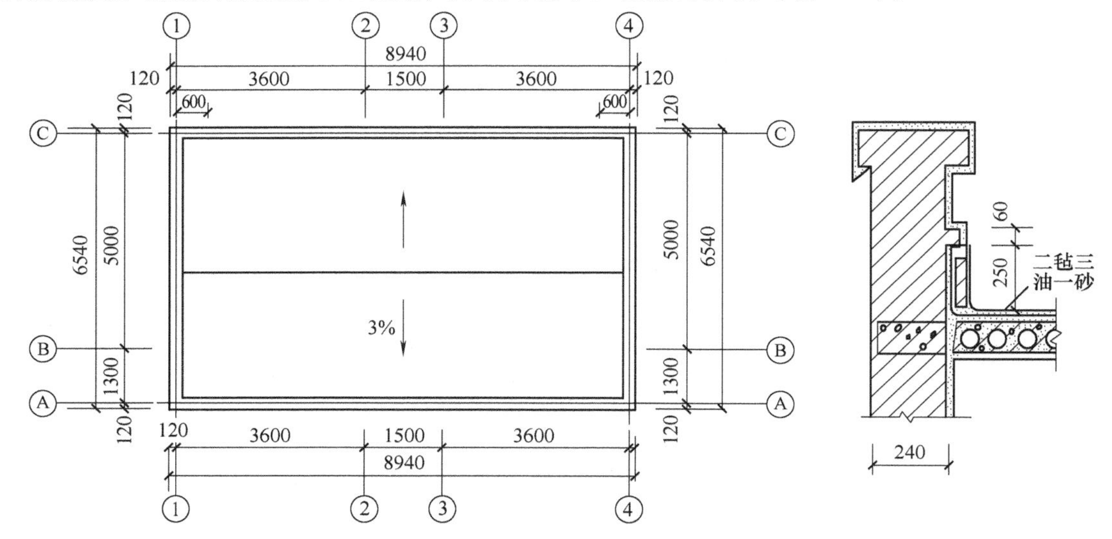

图 3-32　屋面平面图及剖面图示意图

表 3-53　清单工程量计算表

序号	项目编码	项目名称	计量单位	计　算　式	工程量
1					

3.3.11　楼地面装饰工程工程量计算

【楼地面装饰工程工程量计算实训 1】某建筑物首层平面图如图 3-33 所示，地面做法见

表3-54，设计室外地坪标高-0.45m。外墙370mm厚，内墙240mm厚，内墙轴线居中。计算地面清单工程量，并填写清单工程量计算表（表3-55）。

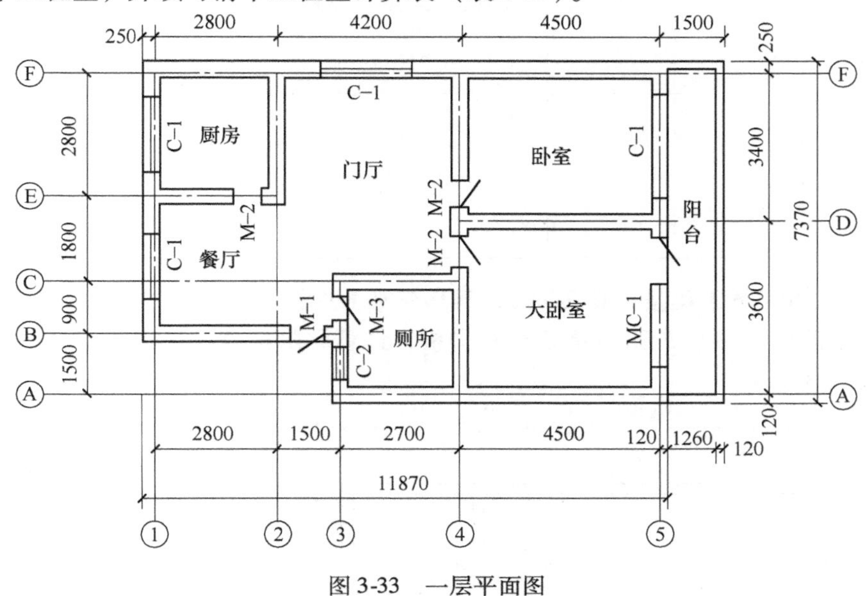

图3-33　一层平面图

表3-54　地面做法表

图集号	地　面　做　法	部位
地板砖楼地面 甘02J01-48-地29	①铺8~10厚地砖地面，干水泥擦缝 ②撒素水泥面（洒适量清水） ③30厚1:3干硬性水泥砂浆结合层（内掺建筑胶） ④1.5厚合成高分子涂膜防水层，四周翻起150高 ⑤1:3水泥砂浆找坡层，最薄处20厚，坡向地漏，一次抹平 ⑥60厚C15混凝土垫层	厨房、卫生间
楼地面 甘02J01-58-地60	①8厚企口强化复合木地板 ②3厚泡沫塑料衬垫 ③35厚C20细石混凝土找平层 ④1.2厚合成高分子涂膜防潮层 ⑤60厚C15混凝土垫层，随打随抹平 ⑥素土夯实	卧室、大卧室
楼地面 甘02J01-53-地45	①10厚1:2.5防静电水磨石面层磨光打蜡 ②防静电水泥浆一道 ③30厚1:3防静电水泥砂浆找平层，内配防静电接地金属网 ④水泥浆一道 ⑤60厚C15混凝土垫层 ⑥150厚3:7灰土 ⑦素土夯实	门厅、餐厅

表 3-55　清单工程量计算表

序号	项目编码	项目名称	计量单位	计　算　式	工程量
1					
2					
3					

【楼地面装饰工程工程量计算实训 2】某房屋平面如图 3-34 所示，墙厚 240mm，轴线居中，室内用水泥砂浆粘贴 200mm 高块料踢脚板，计算踢脚板清单工程量，并填写清单工程量计算表（表 3-56）。

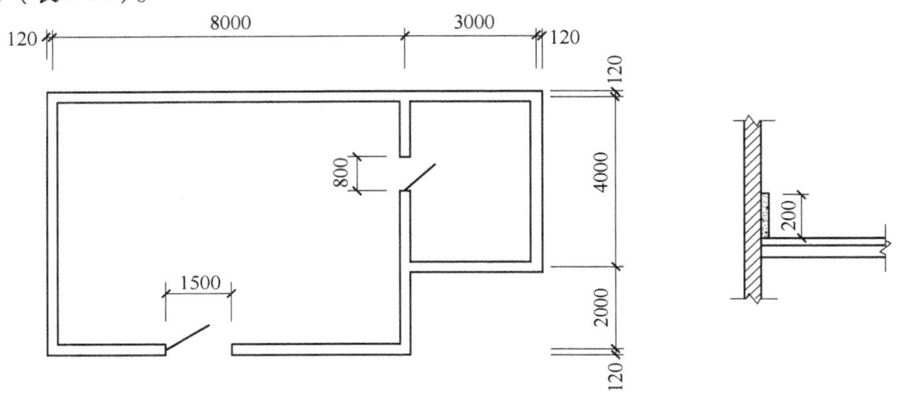

图 3-34　房屋平面图及踢脚示意图

表 3-56　清单工程量计算表

序号	项目编码	项目名称	计量单位	计　算　式	工程量

【楼地面装饰工程工程量计算实训 3】某建筑物门前台阶如图 3-35 所示，试计算贴大理石台阶面层的清单工程量，并填写清单工程量计算表（表 3-57）。

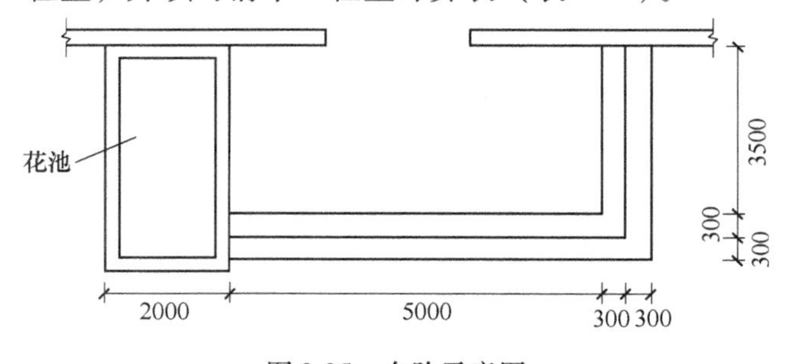

图 3-35　台阶示意图

表3-57　清单工程量计算表

序　　号	项目编码	项目名称	计量单位	计　算　式	工程量
1					

3.3.12　墙、柱面装饰与隔断、幕墙工程工程量计算

【墙、柱面装饰与隔断、幕墙工程工程量计算实训1】某二层砖混结构宿舍楼，首层平面图如图3-36所示，已知内外墙厚度均为240mm，二层以上平面图除M2的位置为C2外，其他均与首层平面图相同，层高均为3m，楼板和屋面板均为混凝土现浇板，厚度为100mm，女儿墙顶标高为6.60m，室外地坪-0.5m。门窗框外围尺寸如下：M1：1000×1960；M2：2000×2400；C1：1800×1800；C2：1750×1800；C3：1200×1200。试计算以下工程量：（1）水泥砂浆外墙抹灰清单工程量；（2）水泥砂浆内墙抹灰清单工程量，并填写清单工程量计算表（表3-58）。

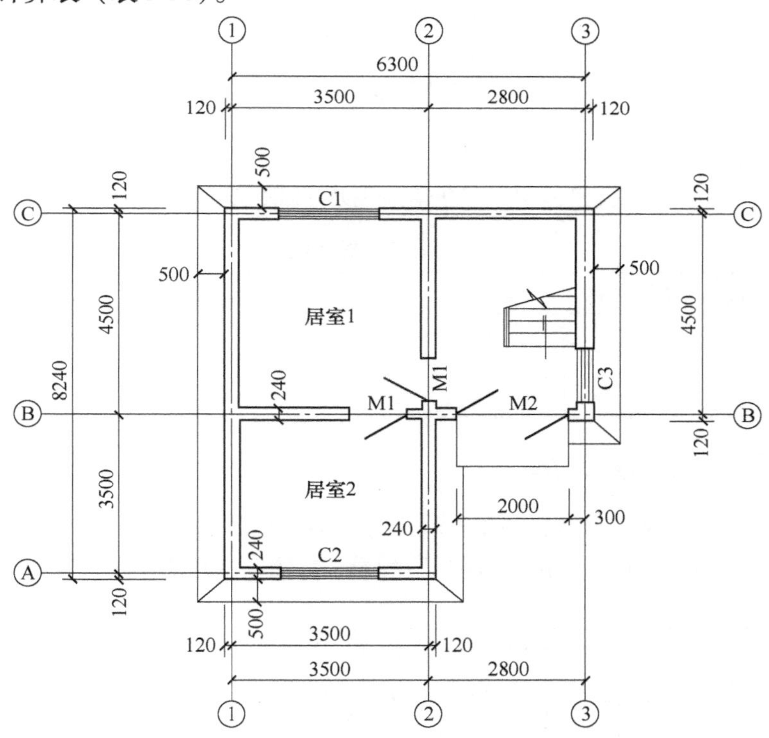

图3-36　宿舍楼平面示意图

表3-58　清单工程量计算表

序　　号	项目编码	项目名称	计量单位	计算式	工程量
1					
2					

【墙、柱面装饰与隔断、幕墙工程工程量计算实训 2】某卫生间为木隔断，平面图及立面图如图 3-37 所示，门宽 700mm，门与隔断同材质，计算卫生间木隔断清单工程量，并填写清单工程量计算表（表 3-59）。

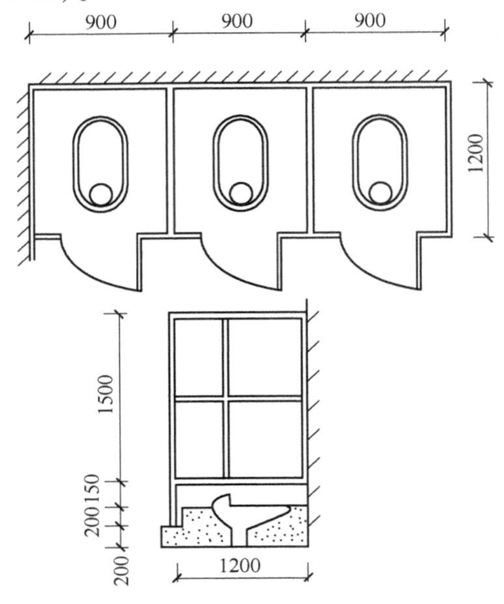

图 3-37　木隔断平面图及立面图示意图

表 3-59　清单工程量计算表

序　　号	项目编码	项目名称	计量单位	计　算　式	工程量
1					

3. 3. 13　天棚工程工程量计算

【天棚工程工程量计算实训 1】某工程现浇井字梁天棚如图 3-38 所示，天棚做法为水泥石灰砂浆底、麻刀灰浆面，计算天棚抹灰清单工程量，并填写清单工程量计算表（表 3-60）。

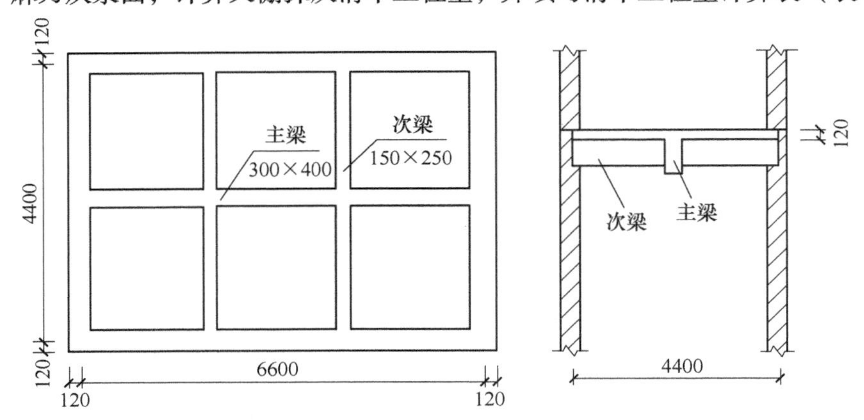

图 3-38　天棚示意图

表3-60　清单工程量计算表

序　　号	项目编码	项目名称	计量单位	计　算　式	工程量
1					

【天棚工程工程量计算实训2】某三级天棚尺寸如图3-39所示，钢筋混凝土板下吊双层楞木，面层为塑料板，计算天棚吊顶清单工程量，并填写清单工程量计算表（表3-61）。

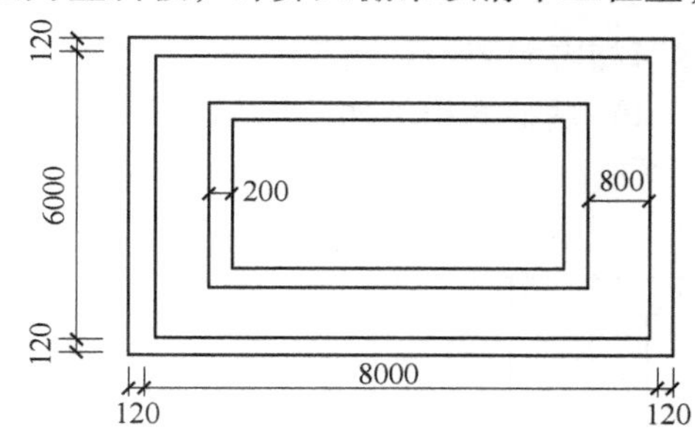

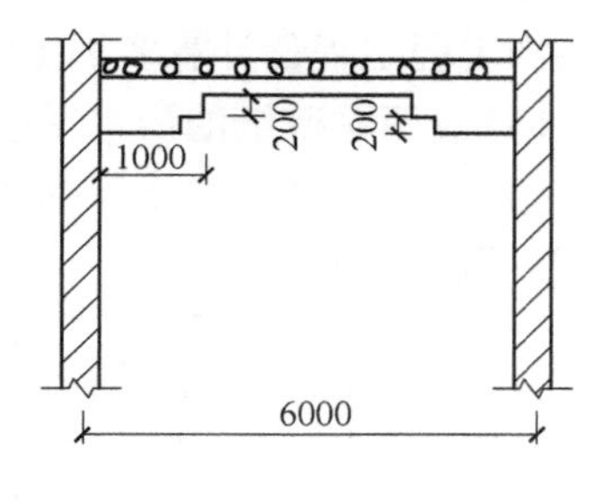

图3-39　天棚吊顶示意图

表3-61　清单工程量计算表

序　　号	项目编码	项目名称	计量单位	计　算　式	工程量
1					

3.3.14　油漆、涂料、裱糊工程工程量计算

【油漆、涂料、裱糊工程工程量计算实训1】某单层建筑物如图3-40所示，内墙做法：水泥砂浆墙面、外刷乳胶漆，计算内墙面油漆清单工程量，并填写清单工程量计算表（表3-62）。

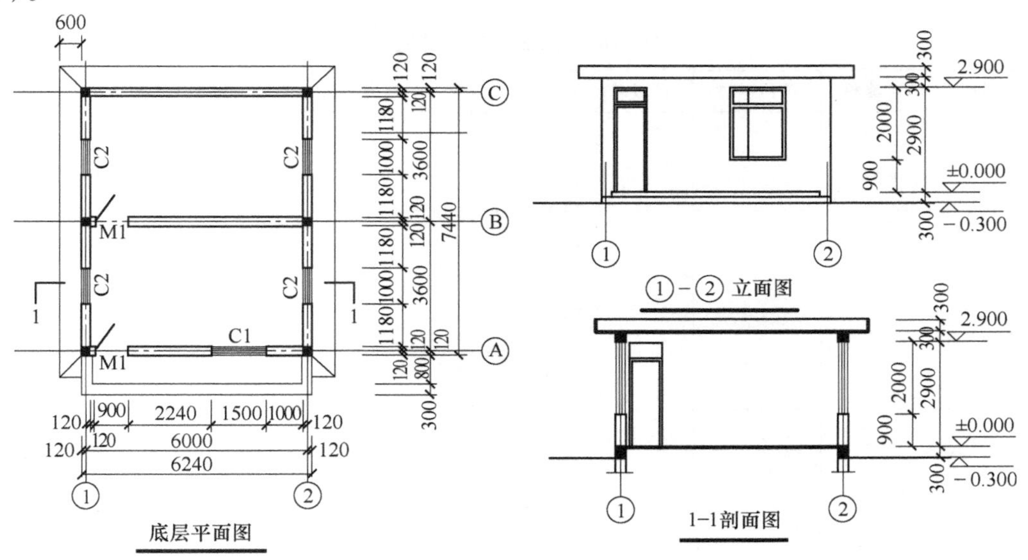

图3-40　某单层建筑物示意图

表 3-62　清单工程量计算表

序　　号	项目编码	项目名称	计量单位	计　算　式	工程量
1					

3.3.15　其他装饰工程工程量计算

【其他装饰工程工程量计算实训 1】某建筑物内墙装饰如图 3-41 所示，计算图示墙面装饰工程量：(1) 墙面贴壁纸的清单工程量；(2) 贴柚木板墙裙的清单工程量；(3) 铜丝网暖气罩的清单工程量；(4) 木压条的清单工程量；(5) 踢脚板的清单工程量；并填写清单工程量计算表（表 3-63）。

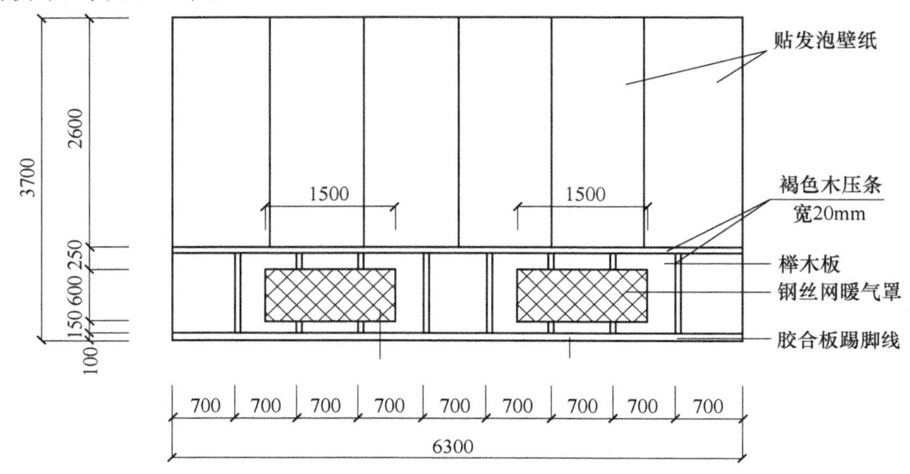

图 3-41　某建筑物内墙装饰示意图

表 3-63　清单工程量计算表

序　　号	项目编码	项目名称	计量单位	计　算　式	工程量
1					
2					
3					
4					
5					

3.4　房屋建筑与装饰工程计量计算思路与参考答案

【土石方工程工程量计算实训 1】

1. 计算思路

1）计算平整场地计价（定额）工程量，建筑物或构筑物的平整场地工程量应按外墙外边线，每边各加 2m，以 m^2 计算。

2）计算平整场地清单工程量，平整场地清单工程量按设计图示尺寸以建筑物首层建筑面积计算。

2. 参考答案

平整场地计价（定额）工程量 $=717.19m^2$

平整场地清单工程量 $=496.14m^2$

【土石方工程工程量计算实训 2】

参考答案：

平整场地计价（定额）工程量 $=172.05m^2$

平整场地清单工程量 $=73.73m^2$

【土石方工程工程量计算实训 3】

参考答案：

平整场地工程量 $=423.99m^2$

【土石方工程工程量计算实训 4】

1. 计算思路

1）计算清单工程量

第一步：计算清单项目挖沟槽土方工程量，挖沟槽土方清单工程量按设计图示尺寸以基础垫层底面积乘以挖土深度计算。

$V_{挖土}=2.3\times160\times(3.2-0.6)m^3=956.8m^3$

第二步：计算清单项目基础回填土工程量

$V_{填土}=(956.8-73.6-307.2-23.36)m^3=552.64m^3$

2）计算计价（定额）工程量

第一步：计算定额挖沟槽土方工程量时要考虑是否留工作面，是否需要放坡。

$V_{挖土}=\{2.3+0.6+0.33\times(3.2-0.6)\}\times2.6\times160m^3=1563.33m^3$

第二步：计算混凝土垫层体积

$V_{垫}=2.3\times0.2\times160m^3=73.6m^3$

第三步：计算 -0.6 以下砖基础体积和混凝土基础体积

$V_{砖基}=0.365\times160\times(3-0.4-0.6-1-0.6)m^3=23.36m^3$

$V_{混凝土基础}=\{2\times0.4+(2+0.4)\times0.3+1\times0.4\}\times160m^3=307.2m^3$

第四步：计算基础回填土工程量

$V_{填}=V_{挖}-V_{垫}-$负 0.6m 以下体积 $=(1563.33-73.6-307.2-23.36)m^3=1159.17m^3$

2. 参考答案

1）清单工程量

$V_{挖土}=956.8m^3$

$V_{填土}=552.64m^3$

2）计算计价（定额）工程量

$V_{挖土}=1563.33m^3$

$V_{填}=1159.17m^3$

【土石方工程工程量计算实训 5】

1. 计算思路

1）计算计价（定额）工程量

第一步：计算反铲挖掘机挖二类土土方工程量，计算定额土方工程量时要考虑是否留工作面，是否需要放坡。

第二步：计算混凝土垫层体积

$V_{垫}=[(21.6+12)\times2+(21.6-0.9)\times2+(5.4-0.9)\times5+(4.5-0.9)\times5]\times0.9\times0.15m^3$

$=149.1\times0.9\times0.15m^3=20.13m^3$

第三步：计算 -0.45 以下砖基础体积

$V_{砖基}=0.24\times[(21.6+12)\times2+(21.6-0.24)\times2+(5.4-0.24)\times5+(4.5-0.24)\times5]\times(1.75+0.197-0.15-0.45)m^3$

$=0.24\times157.02\times(1.75+0.197-0.15-0.45)m^3=50.76m^3$

第四步：计算基础回填土工程量

$V_{填}=V_{挖}-V_{垫}-$负 0.45m 以下 $V_{砖基}$

2）计算清单工程量

第一步：计算清单项目挖基础土方工程量，挖基础土方清单工程量按设计图示尺寸以基础垫层底面积乘以挖土深度计算。

第二步：计算清单项目基础回填土工程量

2. 参考答案

1）挖沟槽土方清单工程量 $=147.45m^3$

2）基础回填土清单工程量 $=103.56m^3$

3）余土弃置清单工程量 $=70.89m^3$

【土石方工程工程量计算实训 6】

参考答案：

挖基础土方工程量 $=101.84m^3$

【地基处理与边坡支护工程工程量计算实训 1】

1. 计算思路

强夯地基工程量按设计图示尺寸以加固面积计算，应区分夯击能量，夯击遍数以边缘点外边缘计算，包括夯点面积和夯点间的面积。

2. 参考答案

强夯地基工程量 $=[16\times(6+6)+1/2\times12\times4\times2]m^2=240m^2$

【地基处理与边坡支护工程工程量计算实训 2】

1. 计算思路

1）褥垫层清单工程量计算按设计图示尺寸以铺设面积计算或按设计图示尺寸以体积计

算。

2）水泥粉煤灰碎石桩清单工程量计算按设计图示尺寸以桩长（包括桩尖）计算。

3）截（凿）桩头清单工程量按设计桩截面乘以桩头长度以体积计算或按设计图示数量计算。

2. 参考答案

1）水泥粉煤灰碎石桩　$L = 52 \times 10\text{m} = 520\text{m}$

2）褥垫层

J-1　$1.8 \times 1.6 \times 1\text{m}^2 = 2.88\text{m}^2$

J-2　$2.0 \times 2.0 \times 2\text{m}^2 = 8.00\text{m}^2$

J-3　$2.2 \times 2.2 \times 3\text{m}^2 = 14.52\text{m}^2$

J-4　$2.4 \times 2.4 \times 2\text{m}^2 = 11.52\text{m}^2$

J-5　$2.9 \times 2.9 \times 4\text{m}^2 = 33.64\text{m}^2$

J-6　$2.9 \times 3.1 \times 1\text{m}^2 = 8.99\text{m}^2$

$S = (2.88 + 8.00 + 14.52 + 11.52 + 33.64 + 8.99)\text{m}^2 = 79.55\text{m}^2$

3）截（凿）桩头　$n = 52$ 根

4）填写分部分项工程和单价措施项目清单与计价表3-64。

表3-64　分部分项工程和单价措施项目清单与计价表

序号	项目编码	项目名称	项目特征描述	计量单位	工程量	金额/元	
						综合单价	合价
1	010201008001	水泥粉煤灰碎石桩	1. 地层情况：三类土 2. 空桩长度、桩长：1.5～2m、10m 3. 桩径：400mm 4. 成孔方法：振动沉管 5. 混合料强度等级：C20	m	520		
2	010201017001	褥垫层	1. 厚度：200mm 2. 材料品种及比例：人工级配砂石（最大粒径30mm），砂：碎石＝3：7	m^2	79.55		
3	010301004001	截（凿）桩头	1. 桩类型：水泥粉煤灰碎石桩 2. 桩头截面、高度：400mm、0.5m 3. 混凝土强度等级：C20 4. 有无钢筋：无	根	52		

【桩基工程工程量计算实训1】

1. 计算思路

人工挖桩孔清单工程量，按设计图示尺寸截面积乘以挖孔深度以立方米计算。

则：人工挖桩孔工程量即为图示尺寸桩的体积，计算可分为三部分：

$$V_{桩身} = \pi r^2 h$$

$$V_{圆台} = \frac{1}{3}\pi h\ (r^2 + R^2 + rR)$$

$$V_{球冠} = \frac{\pi h}{6}\ (3a^2 + h^2)$$

2. 参考答案

$$V_{桩身} = 3.14 \times \left(\frac{1.15}{2}\right)^2 \times 10.9\text{m}^3 = 11.32\text{m}^3$$

$$V_{圆台} = \frac{1}{3}\pi h(r^2 + R^2 + rR) = \frac{1}{3} \times 3.14 \times 1 \times \left[\left(\frac{0.8}{2}\right)^2 + \left(\frac{1.2}{2}\right)^2 + \left(\frac{0.8}{2}\right) \times \left(\frac{1.2}{2}\right)\right]\text{m}^3 = 0.8\text{m}^3$$

$$V_{球冠} = \frac{\pi h}{6}(3a^2 + h^2) = \frac{3.14 \times 0.2}{6} \times (3 \times 0.6^2 + 0.2^2)\text{m}^3 = 0.12\text{m}^3$$

$$V = (11.32 + 0.8 + 0.12)\text{m}^3 = 12.24\text{m}^3$$

人工挖桩孔土方清单工程量 $= 12.24\text{m}^3$

【桩基工程工程量计算实训 2】

参考答案：

预制桩工程量 = 224 根

【砌筑工程工程量计算实训 1】

1. 计算思路

1）基础墙体计算厚度 240mm，砖基础高度 1.5m，折加高度 0.525m，基础墙体长度外墙按中心线，内墙按净长线计算。

2）应扣除地梁（圈梁）、构造柱所占体积，不扣除基础大放脚 T 形接头处的重叠部分及嵌入基础内的钢筋、铁件、管道、基础砂浆防潮层和单个面积 0.3m^2 以内的孔洞所占体积，靠墙暖气沟的挑檐不增加。

2. 参考答案

清单工程量计算见表 3-65，分部分项工程和单价措施项目清单与计价表见表 3-66。

表 3-65　清单工程量计算表

序号	项目编码	项目名称	计量单位	计算式	工程量
1	010401001001	M5 水泥砂浆砌筑砖基础	m^3	$H = 1.5 + 0.525 - 0.24 = 1.79$ $L = (3.6 \times 5 + 9) \times 2 + 9 - 0.24 + 0.24 \times 3 = 63.48$ $V_{砖基} = 1.79 \times 63.48 \times 0.24 = 27.30$	27.30

表 3-66　分部分项工程和单价措施项目清单与计价表

项目编码	项目名称	项目特征	计量单位	工程量	金额/元		
					综合单价	合价	其中:暂估价
010401001001	砖基础	砖:240×115×53 砂浆:M5 基础深度:1.5m	m^3	27.30			

【砌筑工程工程量计算实训 2】

1. 计算思路

1）基础与墙（柱）身使用同一种材料时，以设计室内地面为界（有地下室者，以地下室室内设计地面为界），以下为基础，以上为墙（柱）身。基础与墙身使用不同材料时，位于设计室内地面高度≤±300mm时，以不同材料为分界线，高度>±300mm时，以设计室内地面为分界线。M5水泥砂浆砌筑砖基础清单工程量按设计图示尺寸以体积计算。折加高度0.197m。

2）C20混凝土垫层清单工程量按设计图示尺寸以体积计算，不扣除伸入承台基础的桩头所占体。

2. 参考答案

清单工程量计算见表3-67，分部分项工程和单价措施项目清单与计价表见表3-68。

表3-67　清单工程量计算表

序号	项目编码	项目名称	计量单位	计算式	工程量
1	010401001001	砖基础 M5 水泥砂浆砌筑	m^3	[(21.6+12)×2+(21.6−0.24)×2+(5.4−0.24)×5+(4.5−0.24)×5]×(1.75−0.3+0.197)×0.24=157.02×1.647×0.24=62.07	62.07
2	010501001001	C20混凝土垫层	m^3	[(21.6+12)×2+(21.6−0.9)×2+(5.4−0.9)×5+(4.5−0.9)×5]×0.9×0.3=149.1×0.9×0.3=40.26	40.26

表3-68　分部分项工程和单价措施项目清单与计价表

项目编码	项目名称	项目特征	计量单位	工程量	金额/元		
					综合单价	合价	其中:暂估价
010301001001	砖基础	M5水泥砂浆砌筑 砖:240×115×53 基础深度:1.45m	m^3	62.07			
010401001001	混凝土垫层	垫层厚度:300mm 垫层混凝土:C20	m^3	40.26			

【砌筑工程工程量计算实训3】

1. 计算思路

计算墙体清单工程量时应按加气混凝土砌块墙、240厚空心砖墙、1/2实心砖墙三个项目列项计算。

2. 参考答案

清单工程量计算见表3-69，分部分项工程和单价措施项目清单与计价表见表3-70。

表3-69　清单工程量计算表

序号	项目编码	项目名称	计量单位	计算式	工程量
1	010402001001	加气混凝土砌块墙	m^3	[(11.34−4×0.24+10.4−4×0.24)×2×3.6−1.56×2.7−1.8×1.8×6−1.56×1.8]×0.24−0.24×0.18×(1.56×2+1.8×6)=27.20	27.20

（续）

序号	项目编码	项目名称	计量单位	计算式	工程量
2	010401005001	240 厚空心砖墙	m^3	(11.34 − 4 × 0.24 + 10.4 − 4 × 0.24) × 2 × (0.5 − 0.06) × 0.24 = 4.19	4.19
3	010401003001	$\frac{1}{2}$实心砖墙	m^3	[(11.34 − 0.24 × 4) × 3.6 − 1 × 2.7 × 2] × 0.115 × 2 = 7.70	7.70

表 3-70　分部分项工程和单价措施项目清单与计价表

项目编码	项目名称	项目特征	计量单位	工程量	金额/元		
					综合单价	合价	其中：暂估价
010402001001	砌块墙	外墙 240 厚 加气混凝土砌块 M5 混合砂浆	m^3	27.20			
010401005001	空心砖墙	砖 240 × 240 × 90（三孔） 240 厚，女儿墙 M5 混合砂浆	m^3	4.19			
010401003001	$\frac{1}{2}$实心砖墙	砖 240 × 115 × 53 120 厚，隔墙 M5 混合砂浆	m^3	7.70			

【砌筑工程工程量计算实训 4】

1. 计算思路

弧形墙计算按弧形墙中心线长乘墙厚乘墙高以体积计算。

2. 参考答案

清单工程量计算见表 3-71，分部分项工程和单价措施项目清单与计价表见表 3-72。

表 3-71　清单工程量计算表

序号	项目编码	项目名称	计量单位	计算式	工程量
1	010401003001	M5 混合砂浆 240 厚墙	m^3	{[(6 − 0.24) × 3 + (12.6 − 0.12 − 0.24) × 2] × 3.6 − 1.5 × 2.7 × 2 − 1 × 2.7 − 1.8 × 1.8 × 4 − 1.5 × 1.8} × 0.24 − 0.24 × 0.24 × (1.52 + 1 + 1.8 × 4 + 1.5) + 0.24 × 0.24 × 3.6 × 2 = 29.00	29.00
2	010401003002	M5 混合砂浆 240 厚墙（弧形）	m^3	π × 3 × 3.6 × 0.24 = 8.14	8.14
3	010401003003	M5 混合砂浆 180 厚墙（女儿墙）	m^3	[(6 − 0.24) + (12.6 − 0.12 − 0.24 × 2) × 2] × 0.5 × 0.18 = 2.68	2.68
4	010401003004	M5 混合砂浆 180 厚墙（弧形）	m^3	π × 3.03 × 0.5 × 0.18 = 0.86	0.86

表3-72　分部分项工程和单价措施项目清单与计价表

项目编码	项目名称	项目特征	计量单位	工程量	金额/元		
					综合单价	合价	其中:暂估价
010401003001	240实心砖墙	砖240×115×53 240厚 M5混合砂浆	m^3	29.00			
010401003002	240实心砖墙(弧形)	砖240×115×53 240厚(弧形) M5混合砂浆	m^3	8.14			
010401003003	180实心砖墙	砖240×115×53 180厚 M5混合砂浆	m^3	2.68			
010401003004	180实心砖墙(弧形)	砖240×115×53 180厚(弧形) M5混合砂浆	m^3	0.86			

【混凝土及钢筋混凝土工程工程量计算实训1】

1. 计算思路

混凝土带形基础按设计图示尺寸以体积计算，不扣除伸入承台基础的桩头所占体积。

2. 参考答案

混凝土带形基础清单工程量147.85m^3

【混凝土及钢筋混凝土工程工程量计算实训2】

1. 计算思路

现浇混凝土梁清单工程量按设计图示尺寸以体积计算。伸入墙内的梁头、梁垫并入梁体积内。梁长：梁与柱连接时，梁长算至柱侧面主梁与次梁连接时，次梁长算至主梁侧面。

2. 参考答案

$V_{板}=[(8.7-0.24)\times(1.3-0.24)+(5-0.24)\times(8.7-0.24\times3)]\times0.1=4.70m^3$

$V_{梁}=0.24\times0.35\times[(8.7-0.24\times3)+(6.3-0.24\times2)+(5-0.24)\times2]=3.79m^3$

【混凝土及钢筋混凝土工程工程量计算实训3】

计算思路

1）以平方米计量，按设计图示尺寸以水平投影面积计算。不扣除宽度≤500mm的楼梯井，伸入墙内部分不计算。

2）以立方米计量，按设计图示尺寸以体积计算。

参考答案

楼梯混凝土清单工程量$=(2.4-0.24)\times(0.24+2.08+1.5-0.12)m^2=7.99m^2$

【混凝土及钢筋混凝土工程工程量计算实训4】

计算思路

1）柱外侧纵筋：顶层层高$-\max\left(\frac{h_n}{6}, h_c, 500\right)-$梁高$+1.5L_{abE}$

4⌀20:$3.6-\max\left(\frac{h_n}{6}, h_c, 500\right)-$梁高$+1.5L_{abE}$

$=(3.6-0.56-0.25+1.5\times35\times0.02)\times4\times2.47=37.94kg=0.038t$

2）柱内侧纵筋：顶层层高 $-\max\left(\frac{h_n}{6}, h_c, 500\right)-$ 保护层 $+12d$

8 Φ 20：$3.6-\max\left(\frac{h_n}{6}, h_c, 500\right)-$ 保护层 $+12d$

$=(3.6-0.56-0.02+12\times0.02)\times8\times2.47=64.42\text{kg}=0.064\text{t}$

3）柱箍筋按八边形和矩形箍筋两种计算长度

柱箍筋（八边形）直长：$\left(\frac{0.45-2\times0.02-0.02}{3}+0.02\right)\times4=0.57$

斜长：$\sqrt{2\times0.1233^2}\times4=0.174\times4=0.73$

八边形长：$(0.697+0.57)+2\times11.9\times0.0065=2.04$

矩形箍：$0.45\times4-8\times0.03+2\times11.9\times0.0065-4d=2.847$

箍筋根数：

①顶层非连接区：$\frac{\max(h_c, h_n/6500)}{0.1}+1=7$

②梁下部加密区：$\frac{\max(h_c, h_n/6500)}{0.1}+1=7$

③梁高加密：$\frac{\text{梁高}-\text{保护层}}{\text{间距}}=\frac{0.25-0.02}{0.1}=3$

非加密区：$\frac{\text{层高-①-②-③}}{\text{间距}}=\frac{3.6-0.56\times2-0.25}{0.2}-1=11$

箍筋重量：

$2.04\times28\times0.261\text{kg}=14.91\text{kg}=0.015\text{t}$

$2.847\times28\times0.261\text{kg}=20.81\text{kg}=0.021\text{t}$

【混凝土及钢筋混凝土工程工程量计算实训5】

计算思路

1）梁上部贯通筋 2 Φ 18：$[(7.5-0.45)+(0.45-0.02+0.65-0.02)\times2]\times2\times1.998$

2）G4 Φ 12：$[(7.5-0.45)+2\times15\times0.012]\times4\times0.888$

3）端支座负筋(两端)：$\left[\frac{7.5-0.45}{3}+(0.45-0.02+0.65-0.02)\right]\times2\times1.578$

4）梁下部纵筋 2 Φ 25：$[(7.5-0.45)+0.95\times2]\times2\times3.85$

5）梁下部纵筋 1 Φ 22：$[(7.5-0.45)+0.836\times2]\times1\times2.984$

6）箍筋长度：$(0.25+0.65)\times2-8\times0.02+4\times0.008+2\times11.9\times0.008$

箍筋根数：$\left[\left(\frac{1.5\times0.65-0.05}{0.1}+1\right)\times2+\frac{7.5-0.45-0.975\times2}{0.2}-1\right]+8$

7）拉筋 ϕ6@400：拉筋长 $=0.25-2\times0.02+2\times0.008+0.006+2\times11.9\times0.006$

拉筋根数 $=\frac{7.5-0.45-0.05\times2}{0.4}+1$

【金属结构工程工程量计算实训1】

参考答案：

（1）柱主体槽钢，理论重量 43.25kg/m，柱高 $0.14+(1+0.1)\times3=3.44\text{m}$，2 根。则

槽钢工程量：43.25×3.44×2=297.56kg

(2) 水平杆角钢∟100×8，12.276kg/m，6块，(0.32－0.015×2)×12.276×6=21.36kg

(3) 斜杆角钢∟100×8，6块，$L=\sqrt{(1-0.01)^2+(0.32-0.015\times2)^2}=1.032$

1.032×6×12.276=76.013kg

(4) 底座角钢∟140×10，21.488kg/m，21.488×0.32×4=27.505kg

(5) 底座钢板—12，94.2kg/m²，0.7×0.7×94.2=46.158kg

钢柱清单工程量=468.596kg×20÷1000=9.372t

【金属结构工程工程量计算实训2】

参考答案：

钢梯制作工程量按图示尺寸计算出长度，再按钢材单位长度质量计算钢梯钢材质量，以吨(t)为单位计算。工程量计算如下：

(1) 钢梯边梁，扁钢—180×6，长度$L=4.16$m（2块）；由钢材质量表得单位质量为8.48kg/m。

8.48×4.16×2kg=70.554kg

(2) 钢踏步，扁钢—200×5，$L=0.7$m，9块，7.85kg/m

7.85×0.7×9=49.455kg

(3) 角钢∟110×10，$L=0.12$m，两根，16.69kg/m

16.69×0.12×2kg=4.006kg

(4) 角钢∟200×125×16，$L=0.12$，4根，39.045kg/m

39.045×0.12×4kg=18.742kg

(5) 角钢∟50×5，$L=0.62$m，6根，3.77kg/m

3.77×0.62×6 kg=14.024kg

(6) 角钢∟56×5，$L=0.81$m，2根，4.251kg/m

4.251×0.81×2kg =6.887kg

(7) 角钢∟50×5，$L=4.0$m，2根，3.77kg/m

3.77×4×2kg=30.16kg

钢材总重量：70.554kg+49.455kg+4.006kg+18.742kg+14.024kg+6.887kg+30.16kg=193.828kg=0.194t

【木结构工程工程量计算实训1】

参考答案：

1. 以榀计量，按设计图示数量计算

木屋架工程量计算：木屋架工程量=设计图示数量

木屋架工程量=8榀

2. 以立方米计量，按设计图示的规格尺寸以体积计算

屋架杆件长度(m)=屋架跨度(m)×长度系数

1) 杆件1　下弦杆　8+0.15×2=8.3m

2) 杆件2　上弦杆2根　8×0.559m×2根=4.47m×2根

3) 杆件4　斜杆2根　8×0.28m×2根=2.24m×2根

4）杆件 5　竖杆 2 根　　$8 \times 0.125m \times 2$ 根 $= 1m \times 2$ 根

计算材积：

1）杆件 1，下弦杆材积，以尾径 $\phi150$、长 8.3m 代入公式计算 V_1

$V_1 = 7.854 \times 10^{-5} \times 8.3 \times [(0.026 \times 8.3 + 1) \times 15^2 + (0.37 \times 8.3 + 1) \times 15 + 10 \times (8.3 - 3)] m^3 = 0.2527m^3$

2）杆件 2，上弦杆 2 根，以尾径 $\phi13$，5 和 $L = 4.47m$ 代入，则杆件 2 材积：

$V_2 = 7.854 \times 10^{-5} \times 4.47 \times [(0.026 \times 4.47 + 1) \times 13.52 + (0.37 \times 4.47 + 1) \times 13.5 + 10 \times (4.47 - 3)] \times 2 = 0.1783m^3$

杆件 4，斜杆 2 根，以尾径 11.0cm 和 2.24m 代入，则：

$V_4 = 7.854 \times 10^{-5} \times 2.24 \times [(0.026 \times 2.24 + 1) \times 112 + (0.37 \times 2.24 + 1) \times 11 + 10 \times (2.24 - 3)] \times 2 = 0.0494m^3$

杆件 5，竖杆 2 根，以尾径 10cm 及 $L = 1m$ 代入，则竖杆材积为：

$V_5 = 7.854 \times 10^{-5} \times 1 \times 1 \times [(0.026 \times 1 + 1) \times 102 + (0.37 \times 1 + 1) \times 10 + 10 \times (1 - 3)] \times 2 = 0.0151m^3$

一榀屋架的工程量为上述各杆件材积之和，即

$V = V_1 + V_2 + V_4 + V_5 = 0.2527 + 0.1783 + 0.0494 + 0.0151 = 0.4955m^3$

原料仓库屋架工程量为：

1）竣工木料材积 $= 0.4955 \times 8 = 3.96m^3$

2）铁件。依据钢木屋架铁件参考表，本例每榀屋架铁件用量 20kg，则铁件总量为：

$$20kg \times 8 = 160kg$$

【门窗工程工程量计算实训 1】

1. 计算思路

木质连窗门清单工程量计算：

1）以樘计量，按设计图示数量计算。

2）以平方米计量，按设计图示洞口尺寸以面积计算。

2. 参考答案

清单工程量 $= 2.52m^2$

【门窗工程工程量计算实训 2】

1. 计算思路

金属卷帘（闸）门清单工程量计算：

1）以樘计量，按设计图示数量计算。

2）以平方米计量，按设计图示洞口尺寸以面积计算。

2. 参考答案

清单工程量 $= 93.96m^2$

【屋面及防水工程工程量计算实训 1】

1. 计算思路

屋面卷材防水清单工程量按设计图示尺寸以面积计算。

1）斜屋顶（不包括平屋顶找坡）按斜面积计算，平屋顶按水平投影面积计算。

2）不扣除房上烟囱、风帽底座、风道、屋面小气窗和斜沟所占面积。

3）屋面的女儿墙、伸缩缝和天窗等处的弯起部分，并入屋面工程量内。

2. 参考答案

$S_1=(12-0.24)\times(27-0.24)\text{m}^2+(10-0.24)\times8\text{m}^2=392.78\text{m}^2$

$S_{总}=392.78\text{m}^2+0.25\times(27-0.24+20-0.24)\times2\text{m}^2=416.00\text{m}^2$

【保温、隔热、防腐工程工程量计算实训1】

1. 计算思路

保温隔热屋面清单工程量按设计图示尺寸以面积计算。扣除面积$>0.3\text{m}^2$孔洞所占面积。

2. 参考答案

屋面保温清单工程量$=51.27\text{m}^2$

【楼地面装饰工程工程量计算实训1】

1. 计算思路

1）现浇水磨石楼地面按设计图示尺寸以面积计算。扣除凸出地面构筑物、设备基础、室内铁道、地沟等所占面积，不扣除间壁墙和0.3m^2以内的柱、垛、附墙烟囱及孔洞所占面积。门洞、空圈、暖气包槽、壁龛的开口部分不增加面积。

2）竹、木（复合）地板按设计图示尺寸以面积计算。门洞、空圈、暖气包槽、壁龛的开口部分并入相应的工程量内。

3）块料楼地面按设计图示尺寸以面积计算。门洞、空圈、暖气包槽、壁龛的开口部分并入相应的工程量内。

2. 参考答案

1）块料楼地面工程量$S=(2.8-0.24)\times(2.8-0.24)\text{m}^2+(2.7-0.24)\times(2.4-0.24)\text{m}^2=11.87\text{m}^2$

2）木地板楼地面工程量$S=(4.5-0.24)\times(7.37-0.37\times2-0.24)\text{m}^2=27.76\text{m}^2$

3）水磨石楼地面工程量$S=(4.2-0.24)\times(2.8+1.8-0.24)\text{m}^2+(1.8+0.9-0.24)\times(2.8-0.12+0.12)\text{m}^2+(1.5-0.24)\times(0.9-0.12+0.12)\text{m}^2=25.92\text{m}^2$

【楼地面装饰工程工程量计算实训2】

1. 计算思路

1）按设计图示长度乘高度以面积计算。

2）按延长米计算。

2. 参考答案

块料踢脚板工程量$S=0.2\times[(8-0.24+6-0.24+4-0.24+3-0.24)\times2-1.5-0.8\times2+0.24\times2+0.12\times2]\text{m}^2=7.52\text{m}^2$

【楼地面装饰工程工程量计算实训3】

1. 计算思路

按设计图示尺寸以台阶（包括最上层踏步边沿加300mm）水平投影面积计算。

2. 参考答案

台阶工程量$=7.92\text{m}^2$

【墙、柱面装饰与隔断、幕墙工程工程量计算实训 1】

1. 计算思路

墙面一般抹灰按设计图示尺寸以面积计算。扣除墙裙、门窗洞口及单个≥0.3m² 的孔洞面积，不扣除踢脚线、挂镜线和墙与构件交接处的面积，门窗洞口和孔洞的侧壁及顶面不增加面积。附墙柱、梁、垛、烟囱侧壁并入相应的墙面面积内。

1）外墙抹灰面积按外墙垂直投影面积计算。

2）外墙裙抹灰面积按其长度乘以高度计算。

3）内墙抹灰面积按主墙间的净长乘以高度计算。无墙裙的，高度按室内楼地面至天棚底面计算。有墙裙的，高度按墙裙顶至天棚底面计算。有吊顶天棚抹灰，高度算至天棚底。

4）内墙裙抹灰面按内墙净长乘以高度计算。

2. 参考答案

1）外墙抹灰：

$S_1=(6.3+0.24+8.24)\times2\times(6.6+0.5)\text{m}^2-1.8\times1.8\times2\text{m}^2-1.75\times1.8\times3\text{m}^2-1.2\times1.2\times2\text{m}^2-2\times2.4\text{m}^2=186.27\text{m}^2$

2）内墙面抹灰：

居室 1 内边长：$(3.5-0.24+4.5-0.24)\text{m}\times2=15.04\text{m}$

居室 2 内边长：$(3.5-0.24+3.5-0.24)\text{m}\times2=13.04\text{m}$

楼梯间：$(4.5-0.24+2.8-0.24)\text{m}\times2=13.64\text{m}$

内墙高 $H=(3-0.1)\text{m}=2.9\text{m}$

门窗面积 $S=39.29\text{m}^2$

$S_2=(15.04+13.04+13.64)\text{m}\times2.9\text{m}\times2-39.29\text{m}^2=202.69\text{m}^2$

$S=S_1+S_2=388.96\text{m}^2$

【墙、柱面装饰与隔断、幕墙工程工程量计算实训 2】

1. 计算思路

木隔断按设计图示框外围尺寸以面积计算。不扣除单个≤0.3m² 的孔洞所占面积；浴厕门的材质与隔断相同时，门的面积并入隔断面积内。

2. 参考答案

木隔断工程量 $S=(0.9\times3+1.2\times3)\times1.5=9.45\text{m}^2$

【天棚工程工程量计算实训 1】

1. 计算思路

按设计图示尺寸以水平投影面积计算。不扣除间壁墙、垛、柱、附墙烟囱、检查口和管道所占的面积，带梁天棚、梁两侧抹灰面积并入天棚面积内，板式楼梯底面抹灰按斜面积计算，锯齿形楼梯底板抹灰按展开面积计算。

2. 参考答案

天棚抹灰工程量 $=71.22\text{m}^2$

【天棚工程工程量计算实训 2】

1. 计算思路

按设计图示尺寸以水平投影面积计算。天棚面中的灯槽及跌级、锯齿形、吊挂式、藻井式天棚面积不展开计算。不扣除间壁墙、检查口、附墙烟囱、柱垛和管道所占面积，扣除单个大于0.3m^2的孔洞、独立柱及与天棚相连的窗帘盒所占的面积。

2. 参考答案

天棚吊顶工程量 =44.7m^2

【油漆、涂料、裱糊工程工程量计算实训1】

1. 计算思路

抹灰面油漆按设计图示尺寸以面积计算。

2. 参考答案

内墙面油漆工程量 =11.89m^2

【其他装饰工程工程量计算实训1】

1. 计算思路

1）墙纸裱糊按设计图示尺寸以面积计算。

2）墙面装饰板按设计图示墙净长乘以净高以面积计算。扣除门窗洞口及单个0.3m^2以上的孔洞所占面积。

3）金属暖气罩按设计图示尺寸以垂直投影面积（不展开）计算。

4）木质装饰线按设计图示尺寸以长度计算。

2. 参考答案

清单工程量计算见表3-73。

表3-73　清单工程量计算表

项目名称	单位	工程量	计算式
墙面贴壁纸	m^2	16.38	$S=6.3\times2.6=16.38$
榉木板墙裙	m^2	4.50	$S=6.3\times(0.15+0.6+0.25)-1.5\times0.6\times2=4.50$
钢丝网暖气罩	m^2	1.80	$S=1.5\times0.6\times2=1.80$
木压条	m	11.90	$L=6.3+(0.15+0.6+0.25)\times4+(0.15+0.25)\times4=11.90$
胶合板踢脚线	m^2	0.63	$S=6.3\times0.1=0.63$

实训项目4　预算定额应用

4.1　预算定额应用相关知识

预算定额应用的实质，是根据实际工程要求，熟练地运用定额中的数据（主要是实物消耗量）进行相关计算，以获得所需要的信息。归纳起来具体应用分为两个方面：一方面根据预算定额中的实物消耗量标准进行实际工程的人工、材料、机械消耗量的计算；另一方面，根据预算定额中的实物消耗量标准以及企业调查测算确定的人工、材料、机械单价进行实际工程直接工程费及施工技术措施费的计算。这些应用都建立在一个基础上，即能正确地套用定额，并针对实际工程的情况结合定额的有关规定进行综合分析、调整，最终准确地计算实物消耗量和工程造价。预算定额的套用具体分为直接套用、套用并换算两种情况。

1. 直接套用

条件：当施工图的设计要求与定额的项目内容完全一致时。

套用方法：直接套用定额项目，确定人工、材料、机械单位消耗量。

案例分析：试确定分项工程“现浇C30钢筋混凝土矩形柱”的定额基价。

经查阅《甘肃省建筑与装饰工程预算定额》（DBJD25-44—2013），“现浇C30钢筋混凝土矩形柱”，定额编号为4-65，在配套的《甘肃省建筑与装饰工程预算定额地区基价》（DBJD25-52—2013）中对应的编号4-65-3，即可查到该分项工程的兰州地区基价为333.70元。

2. 套用并换算

条件：当有些分项工程图纸设计内容与现行预算定额不完全一致时。

套用方法：可以先在预算定额中套用一个较相近的定额子目，然后再进行换算。

案例分析：试确定分项工程“现浇C30混凝土带形基础”的定额基价。

经查阅甘肃省现行消耗量定额，无“现浇C30混凝土带形基础”定额基价，可取相近项目“4-57-2现浇C20混凝土带形基础”，然后参考混凝土市场价格进行换算即可。

换算方法有以下三种：

（1）换算后的定额基价=原定额基价+定额规定换算材料的消耗量×(换入材料单价－换出材料单价)

（2）换算后的定额基价=定额基价不完全价格+定额规定换算材料消耗量×换算材料单价

（3）换算后的定额基价=原定额基价×规定的换算系数

换算后的定额编号是在原定额编号后添个“换”字。

4.2　预算定额查套练习

根据表4-1所给预算定额子目的名称，利用《甘肃省建筑与装饰工程预算定额》（DBJD25-44—2013）、《甘肃省建筑与装饰工程预算定额地区基价》（DBJD25-52—2013），查套其定额编号、计量单位，人工（合计）、材料（只需填写两项主要材料）、机械（只需填写两项主要机械）的消耗量指标；并查《甘肃省建筑与装饰工程预算定额地区基价》，填写兰州地区基价及其中的人工费、材料费和机械费。

表4-1　预算定额查套练习表

序号	定额编号	项目名称	计量单位	基价（单位:元）	其中:			消耗量指标		
					人工费	材料费	机械费	人工(工日)	材料	机械
1		人工平整场地								
2		M5.0水泥砂浆砌1/2砖墙								
3		M5.0水泥石灰膏砂浆砌190厚空心砖墙190×190×190(小九孔)								
4		现浇构件非预应力钢筋Φ5mm以上								
5		改性沥青卷材屋面(SBS-Ⅰ)(满铺厚度4mm)								
6		铁件安装　焊接固定								
7		塑料落水管(PVC)直径150mm								
8		阳光板屋面								
9		现浇矩形柱　混凝土C30								
10		现浇单梁、连续梁、叠合梁　混凝土C25								
11		正铲挖掘机挖土自卸汽车运土运距1000m以内一二类土								

（续）

序号	定额编号	项目名称	计量单位	基价（单位：元）	其中：			消耗量指标		
					人工费	材料费	机械费	人工（工日）	材料	机械
12		加气混凝土砌块墙　水泥砂浆M7.5								
13		花岗岩踢脚板								
14		预制水磨石窗台板								
15		单层普通钢窗								
16		铝合金扶手（100×44mm）								
17		软包织物面								
18		石膏角线 100mm								
19		内墙乳胶漆三遍								
20		实木拼花地板（企口，铺在水泥地面上）								
21		玻璃幕墙（玻璃 1600mm×1050mm）明框								
22		玻璃砖隔断（全砖）								
23		楼梯铜条防滑条 3×15mm								
24		天然大理石窗台板								
25		砖墙面乳胶漆两遍								
26		天棚木质吸音板								
27		单层木门调和漆两遍								
28		铝合金卷帘门（带小门）								
29		木花格暖气罩（不带顶板）								
30		柱面挂贴大理石								
31		1:2 水泥砂浆找平层在混凝土硬基层上 厚度20mm								

（续）

序号	定额编号	项目名称	计量单位	基价（单位:元）	其中:			消耗量指标		
					人工费	材料费	机械费	人工（工日）	材料	机械
32		现浇混凝土天棚　水泥石灰膏砂浆底面								
33		混凝土墙面墙裙水泥砂浆								
34		墙面干粘白石子								
35		现浇台阶模板								
36		综合脚手架　多层建筑物框架结构(20m 以内)								
37		抽水机降水(降水深度 2.5m)								
38		建筑物高度 40m 以内的超高增加费(超高部分有建筑面积)								
39		现浇混凝土垫层模板								
40		双面支挡土板								
41		现浇有梁板混凝土 C25								
42		人工挖地沟,三类土,深 2.5m								
43		打桩 30cm×30cm,桩长 7m,二类土,走管式柴油打桩机								
44		现浇基础梁　混凝土 C30								
45		现浇无梁板　混凝土 C30								
46		26m 吊栏脚手架								
47		钢筋 套管冷压连结 $\phi28$								
48		电梯井字架　搭设高度 60m 以内								
49		细石混凝土 C20 厚度 30mm								
50		天棚装饰线 4 道线(石灰膏麻刀砂浆底,纸筋灰面)								

4.3 预算定额查套练习参考答案

根据《甘肃省建筑与装饰工程预算定额》（DBJD25-44—2013）、《甘肃省建筑与装饰工程预算定额地区基价》（DBJD25-52—2013），查套定额练习参考答案见表4-2。

表 4-2 预算定额查套练习答案

序号	定额编号	项目名称	计量单位	基价（单位:元）	其中:			消耗量指标		
					人工费	材料费	机械费	人工(工日)	材料	机械
1	1-84	人工平整场地	m^2	1.43	1.43	—	—	0.027	—	—
2	3-2-2	M5.0 水泥砂浆砌 1/2 砖墙	m^3	366.56	113.88	249.01	3.67	1.9044	标准砖 240×115×53 0.5641 千块 砂浆 0.195m^3	灰浆搅拌机 200L 0.033 台班
3	3-12-6	M5.0 水泥石灰膏砂浆砌 190 厚空心砖墙 190×190×190(小九孔)	m^3	365.81	78.5	285.60	1.71	1.3126	空心砖 0.1275 千块 砂浆 0.0944m^3	灰浆搅拌机 200L 0.0154 台班
4	5-2	现浇构件非预应力钢筋Φ5mm 以上	t	5712.91	716.26	4868.13	128.52	11.0194	普通钢筋Φ5 以上 1.035t 电焊条 9.6kg	钢筋弯曲机 ϕ40mm 0.3425 台班 交流电焊机 40kV · A 0.3645 台班
5	8-36	改性沥青卷材屋面(SBS-Ⅰ)(满铺厚度 4mm)	m^2	54.36	3.29	51.07	—	0.0506	改性沥青卷 SBS 1.1150m^2 改性沥青粘结剂 0.5575kg	—
6	6-16	铁件安装 焊接固定	t	3208.90	1050.36	222.79	1935.75	15.7950	电焊条47.1kg 氧气 0.5m^3	交流电焊机 30kV · A 9.39 台班
7	8-121	塑料落水管(PVC)直径 150mm	m	39.94	16.38	23.56	—	0.2520	塑料落水管 1.05m 膨胀螺栓 M12×110 0.432 套	—
8	8-24	阳光板屋面	m^2	333.24	40.37	292.87	—	0.5850	—	—
9	4-65-3	现浇矩形柱 混凝土 C30	m^3	333.70	106.90	214.44	12.36	1.7312	混凝土 0.986m^3 水 0.909m^3	混凝土搅拌机 0.062 台班 灰浆搅拌机 200L 0.004 台班

（续）

序号	定额编号	项目名称	计量单位	基价（单位：元）	其中：			消耗量指标		
					人工费	材料费	机械费	人工（工日）	材料	机械
10	4-68-2	现浇单梁、连续梁、叠合梁　混凝土 C25	m^3	289.18	76.62	200.45	12.11	1.2408	混凝土　1.015m^3 草袋　1.24 片	混凝土搅拌机 0.063 台班
11	1-111	正铲挖掘机挖土自卸汽车运土运距 1000m 以内 一二类土	m^3	12.82	2.41	0.04	10.37	0.0371	水　0.0118m^3	液压履带式单斗挖掘机 1m^3 0.0019 台班 自卸汽车 8t 0.0109 台班
12	3-43-3	加气混凝土砌块墙　水泥砂浆 M7.5	m^3	288.61	74.63	213.20	0.78	1.2213	加气混凝土块　0.965m^3 水　0.117m^3	灰浆搅拌机 200L 0.007 台班
13	14-18	花岗岩踢脚板	m^3	394.25	26.87	367.14	0.24	0.4160	花岗岩板 400×150　1.02m^2 白水泥 32.5　0.15kg	灰浆搅拌机 200L 0.0022 台班
14	17-25	预制水磨石窗台板	m^3	130.05	25.76	104.29	—	0.3880	预制水磨石窗台板　1.0100m^2 铁件　5.6100kg	—
15	13-27	单层普通钢窗	m^3	136.13	23.14	110.16	2.83	0.3560	实腹单层钢窗　0.9480m^2 平板玻璃 3mm　1.1392m^2	交流电焊机 40kV·A 0.0115 台班
16	17-85	铝合金扶手（100×44mm）	m	58.68	6.26	51.70	0.72	0.1004	铝合金扁管　100×44×1.8 1.06m 铝合金 U 型　80×13×1.2 0.02m	管子切断机 ϕ150mm 0.016 台班
17	15-117	软包织物面	m^2	144.31	20.00	124.31	—	0.3096	丝绒面料 1.1200m^3 木压条 24×16　2.3600m	

（续）

序号	定额编号	项目名称	计量单位	基价（单位：元）	其中：人工费	材料费	机械费	消耗量指标：人工（工日）	材料	机械
18	17-169	石膏角线 100mm	m	8.39	2.25	6.14	—	0.036	石膏角线 100mm 以内 1.03m 石膏粘结剂 0.21kg	—
19	19-73	内墙乳胶漆三遍	m^2	1846.65	837.41	1009.24	—	13.42	木砂纸 15.8 张 大白粉 260kg	—
20	14-79	实木拼花地板（企口，铺在水泥地面上）	m	242.66	7.81	234.85	—	0.1192	实木地板 1.05m^3 铁钉 0.1587kg	—
21	15-236	玻璃幕墙（玻璃 1600mm × 1050mm）明框	m^2	772.20	75.77	675.04	21.39	1.173	铝合金型材 14.2252kg 自攻螺钉 22.498 个	交流电焊机 30kV·A 0.08 台班
22	15-191	玻璃砖隔断（全砖）	m^2	794.48	17.83	775.26	1.03	0.276	玻璃砖 27.1134 块 型钢 9.1kg	交流电焊机 40kV·A 0.0042 台班
23	14-106	楼梯铜条防滑条 3mm×15mm	m	18.50	2.86	15.64	—	0.055	钢条 3×15 1.06m 木螺钉 0.042 百个	—
24	17-23	天然大理石窗台板	m^2	415.19	33.21	381.98	—	0.5001	大理石窗台板 1.05m^3	—
25	19-72	砖墙面乳胶漆两遍	m^2	1633.98	768.77	865.21	—	12.3200	乳胶漆 28.35kg	—
26	16-73	天棚木质吸音板	m^2	107.37	19.55	87.82	—	0.2867	多孔吸音板 1.05m^2 其他材料费 2 元	—
27	19-1	单层木门调和漆两遍	100m^2	2147.12	1129.46	1017.66	—	17.0100	无光调和漆 25.55kg 木砂纸 33 张	—
28	13-79	铝合金卷帘门（带小门）	m^2	283.26	52.68	228.24	2.34	0.8104	铝合金带小门卷帘门 1m^2 铁件 0.288kg	交流电焊机 40kV·A 0.0095 台班
29	17-184	木花格暖气罩（不带顶板）	m^2	122.20	24.67	97.37	0.16	0.3954	胶合板 3mm 1.05m^2	木工圆锯机 ϕ500mm 0.0058 台班

（续）

序号	定额编号	项目名称	计量单位	基价（单位:元）	其中:人工费	其中:材料费	其中:机械费	消耗量指标:人工（工日）	消耗量指标:材料	消耗量指标:机械
30	15-28	柱面挂贴大理石	m^2	295.12	61.08	232.69	1.35	0.9455	大理石板　1.06m^2 膨胀螺栓 M8×110　9.2 套	灰浆搅拌机 200L　0.0056 台班 交流电焊机 40kV·A　0.0026 台班
31	11-27-1	1:2 水泥砂浆找平层在混凝土硬基层上 厚度 20mm	m^2	12.26	4.77	7.11	0.38	0.0755	水泥砂浆 1:2　0.0202m^3 水　0.006m^3	灰浆搅拌机 200L　0.0034 台班
32	12-102	现浇混凝土天棚　水泥石灰膏砂浆底面	m^2	21.06	14.74	6.00	0.32	0.2223	水泥灰膏砂浆 1:3:9　0.0062m^3 108 建筑胶　0.0276kg	灰浆搅拌机 200L　0.0029 台班
33	12-2	混凝土墙面墙裙水泥砂浆	m^2	19.98	12.86	6.72	0.40	0.1949	水泥砂浆 1:3　0.0147m^3 108 建筑胶　0.0248kg	灰浆搅拌机 200L　0.0036 台班
34	15-9	墙面干粘白石子	m^2	26.24	14.55	11.29	0.40	0.2252	白石子　10.00kg 建筑胶　0.076kg	灰浆搅拌机 200L　0.0036 台班
35	20-39	现浇台阶模板	m^2	3417.03	1664.49	1699.65	52.89	24.123	铁钉　14.8kg 隔离剂　5.00kg	载重汽车 6t　0.1 台班 木工圆锯机 ϕ500mm　0.2 台班
36	20-129	综合脚手架　多层建筑物框架结构（20m 以内）	$10m^2$	231.96	57.09	159.27	15.60	0.8783	直角扣件　2.0190 个 镀锌铁丝 8#　1.608kg	载重汽车 6t　0.033 台班
37	20-499	抽水机降水（降水深度 2.5m）	m^2	135.27	3.25	16.08	115.94	0.0500	普通粘土砖　0.0133 千块 砾石 10mm　0.109m^3	单级离心清水泵 ϕ100mm　0.571 台班
38	20-441	建筑物高度 40m 以内的超高增加费（超高部分有建筑面积）	m^2	10.97	5.63	2.61	2.73	5.625	材料费　2.61 元	多级离心清水泵 ϕ50mm　0.0141 台班

（续）

序号	定额编号	项目名称	计量单位	基价（单位：元）	其中：			消耗量指标		
					人工费	材料费	机械费	人工（工日）	材料	机械
39	20-10	现浇混凝土垫层模板	m^2	4030.37	828.37	3145.51	56.49	12.0054	铁钉 20.5800kg	载重汽车 6t 0.0011 台班
40	1-260	双面支挡土板	m^2	27.49	5.37	20.98	1.14	0.0842	板方材 0.083m^3 铁钉 0.071kg	载重汽车 4t 0.0033 台班
41	4-79-2	现浇有梁板混凝土 C25	m^3	280.97	64.56	204.30	12.11	1.0456	混凝土 1.015m^3 草袋 2.289 片	混凝土搅拌机 350L 0.063 台班
42	1-18	人工挖地沟，三类土，深 2.5m	m^3	24.01	24.01			0.4514	—	—
43	2-1	打桩 30cm×30cm，桩长 7m，二类土，走管式柴油打桩机	m^3	137.31	38.41	11.31	87.59	0.5909	草袋 1.736 片 圆木 0.0024m^3	走管式柴油打桩机 2.5t 0.0759 台班
44	4-67-3	现浇基础梁　混凝土 C30	m^3	292.03	65.89	214.03	12.11	1.0672	混凝土 1.015m^3 草袋 1.256 片	混凝土搅拌机 350L 0.063 台班
45	4-78-3	现浇无梁板　混凝土 C30	m^3	303.20	60.32	230.77	12.11	0.9768	混凝土 1.015m^3 草袋 2.189 片	混凝土搅拌机 350L 0.063 台班
46	20-204	26m 吊栏脚手架	m^2	6.47	3.71	0.89	1.87	0.057	焊接钢管 0.02kg 型钢 0.03kg	载重汽车 6t 0.0036 台班
47	5-43	钢筋　套管冷压连结 φ28	个	44.64	1.40	42.45	0.79	0.0216	钢套管 28mm 1.01 个	电动葫芦 0.5t 0.0110 台班 套管冷压焊接机 0.0110 台班
48	20-196	电梯井字架　搭设高度 60m 以内	座	7015.61	3299.4	3541.27	174.91	50.76	直角扣件 40.47kg 防锈漆 30.18kg	载重汽车 6t 0.37 台班
49	11-30-1	细石混凝土 C20 厚度 30mm	m^3	12.42	4.76	7.06	0.60	0.0763	细石混凝土 0.0303m^3 水 0.006m^3	混凝土搅拌机 350L 0.0031 台班
50	12-107	天棚装饰线 4 道线（石灰膏麻刀砂浆底，纸筋灰面）	m	16.14	14.09	1.91	0.14	0.2127	石灰膏麻刀砂浆 1:3 0.0073m^3 水 0.0073m^3	灰浆搅拌机 200L 0.0013 台班

实训项目5　工程造价计算

5.1　工程造价计算相关知识

5.1.1　甘肃省《建筑安装工程费用定额》说明

1. 为规范建筑工程造价计价行为，合理确定和有效控制工程造价，根据《甘肃省建设工程造价管理条例》，国家标准《建设工程工程量清单计价规范》（GB 50500—2013）以及《房屋建筑与装饰工程工程量计算规范》（GB 50854—2013）等规范，住建部、财政部《建筑安装工程费用项目组成》（建标［2013］44号）等有关规定，结合我省实际情况，制定了《甘肃省建筑安装工程费用定额》（以下简称本定额）。

2. 本定额是编制施工图预算、招标控制价、投标报价和签订施工合同价款、办理竣工结算、调节工程造价纠纷及办理工程造价鉴定的依据。

3. 本定额适用于新建、扩建和改建的建筑与装饰工程、安装工程、市政工程、仿古建筑工程、园林绿化和抗震加固及维修工程。与国家标准《建设工程工程量清单计价规范》（GB 50500—2013）以及《房屋建筑与装饰工程工程量计算规范》（GB 50854—2013）等规范及我省现行的建筑与装饰、安装、市政、仿古建筑、园林绿化、抗震加固及维修工程预算（消耗量）定额及地区基价配套使用。

4. 建筑与装饰、安装工程的人工单价按照省住房和城乡建设厅《关于颁发“甘肃省建筑安装工程人工单价”的通知》（甘建价［2013］541号）中“甘肃省建筑安装工程人工单价”计算。市政、仿古建筑、园林绿化工程的人工单价按照原省建设厅《关于颁发“甘肃省建筑安装工程人工单价”的通知》（甘建价［2004］125号）中“甘肃省建筑安装工程人工单价”×2.50的系数计算。抗震加固及维修工程的人工单价按照“甘肃省建筑安装维修抗震加固工程预算定额地区基价”附录中的“综合人工单价”×1.60的系数计算。

5. 市政、仿古建筑、园林绿化、抗震加固及维修工程中，“分部分项工程，定额措施项目的机械费”×1.60的系数计算。

6. 本定额费用内容按照工程造价形成划分，由分部分项工程费、措施项目费、其他项目费、规费和税金组成；按照费用构成要素划分，由人工费、材料费、施工机具使用费、企业管理费、利润、规费和税金组成。其中，安全文明施工费、规费、税金为不可竞争费，应按规定标准计取。

7. 本定额由甘肃省建设工程造价管理总站监督管理和解释。

5.1.2　建筑安装工程费用项目组成

建筑安装工程费用是指建设工程施工发承包的工程造价，按照费用构成要素和工程造价形成的划分标准，分为以下两类：

1. 建筑安装工程费按照费用构成要素划分

建筑安装工程费按照费用构成要素划分：由人工费、材料（包含工程设备，下同）费、施工机具使用费、企业管理费、利润、规费和税金组成。其中人工费、材料费、施工机具使用费、企业管理费和利润包含在分部分项工程费、措施项目费、其他项目费中。

2. 建筑安装工程费按照工程造价形成划分

建筑安装工程费按照工程造价形成有分部分项工程费、措施项目费、其他项目费、规费、税金组成，分部分项工程费、措施项目费、其他项目费包含人工费、材料费、施工机具使用费、企业管理费和利润。

5.1.3 工程造价计算程序

1. 工程量清单计价法

工程量清单计价法工程造价计算程序见表5-1。

表5-1 工程量清单计价法工程造价计算程序

序号	费用名称		计算公式
一	分部分项工程费及定额措施项目费		工程量×综合单价
	其中	1. 人工费	人工消耗量×人工单价
		2. 材料费	材料消耗量×材料单价
		3. 机械费	机械消耗量×机械台班单价
		4. 企业管理费	(1或+3)×费率
		5. 利润	(1或+3)×费率
二	措施项目费(费率措施费)		(人工费或+机械费)×费率
三	其他项目费		
四	规费		
	其中	1. 社会保险费	人工费×费率
		2. 住房公积金	
		3. 工程排污费	
五	税金		(一+二+三+四)×费率
六	工程造价		一+二+三+四+五

注：综合单价是指完成一个规定清单项目所需的人工费、材料和工程设备费、施工机具使用费和企业管理费、利润以及一定范围内的风险费用。

计算基础中的人工费为分部分项工程的人工费与定额措施项目费中的人工费之和；机械费为分部分项工程的机械费与定额措施项目费中的机械费之和（下同）。

2. 定额计价法

定额计价法工程造价计算程序见表5-2。

表5-2 定额计价法工程造价计算程序

序号	费用名称		计算公式
一	分部分项工程费及定额措施项目费		工程量×基价
	其中	1. 人工费	人工消耗量×人工单价
		2. 材料费	材料消耗量×材料单价
		3. 机械费	机械消耗量×机械台班单价

（续）

<table>
<tr><th>序号</th><th colspan="2">费用名称</th><th>计算公式</th></tr>
<tr><td>二</td><td colspan="2">措施项目费用(费率措施费)</td><td>(人工费或+机械费)×费率</td></tr>
<tr><td>三</td><td colspan="2">企业管理费</td><td>(人工费或+机械费)×费率</td></tr>
<tr><td>四</td><td colspan="2">利润</td><td>(人工费或+机械费)×费率</td></tr>
<tr><td rowspan="5">五</td><td rowspan="5">价差调整</td><td>人工费调整</td><td>人工费×调整系数</td></tr>
<tr><td>材料价差</td><td></td></tr>
<tr><td>其中:实物法材料价差</td><td>按照实物法调差规定计算</td></tr>
<tr><td>系数法材料价差</td><td>定额材料费×调整系数</td></tr>
<tr><td>机械费调整</td><td>机械费×调整系数</td></tr>
<tr><td rowspan="4">六</td><td colspan="2">规费</td><td></td></tr>
<tr><td rowspan="3">其中</td><td>1. 社会保险费</td><td rowspan="3">人工费×费率</td></tr>
<tr><td>2. 住房公积金</td></tr>
<tr><td>3. 工程排污费</td></tr>
<tr><td>七</td><td colspan="2">税金</td><td>(一+二+三+四+五+六)×费率</td></tr>
<tr><td>八</td><td colspan="2">工程造价</td><td>一+二+三+四+五+六+七</td></tr>
</table>

注：定额材料费为分部分项工程的材料费与定额措施项目费中的材料费之和。

3. 其他

按照国家及我省有关规定、安全文明施工费、规费及税金为不可竞争性费用，招投标时应单独列项，其费用计算程序见表5-3。

表5-3　不可竞争性费用计算程序

<table>
<tr><th>序号</th><th colspan="2">项目名称</th><th>计算公式</th></tr>
<tr><td rowspan="4">一</td><td rowspan="4">安全文明施工费</td><td>1. 环境保护费</td><td rowspan="4">(人工费或+机械费)×费率</td></tr>
<tr><td>2. 文明施工费</td></tr>
<tr><td>3. 安全施工费</td></tr>
<tr><td>4. 临时设施费</td></tr>
<tr><td rowspan="3">二</td><td rowspan="3">规费</td><td>1. 社会保险费</td><td rowspan="3">人工费×费率</td></tr>
<tr><td>2. 住房公积金</td></tr>
<tr><td>3. 工程排污费</td></tr>
<tr><td>三</td><td colspan="2">税金</td><td>(一+二)×税金率</td></tr>
<tr><td>四</td><td colspan="2">工程造价</td><td>一+二+三</td></tr>
</table>

5.1.4　工程费用标准及有关规定

1. 企业管理费、利润计取标准

企业管理费计取标准见表5-4；利润计取标准见表5-5。

表 5-4　企业管理费计取标准

序号	工程项目		计算基础	工程类别		
				一类	二类	三类
				取费标准(%)		
1	建筑与装饰工程		人工费+机械费	28.54	26.00	24.75
2	安装工程		人工费	39.26	35.40	33.16
3	大规模土石方(机械施工)工程		人工费+机械费	5.37		
4	大规模土石方(人工施工)工程		人工费	10.96		
5	抗震加固及维修工程	单独拆除	人工费	15.95	12.64	11.50
		拆除及安装	人工费	31.25	28.42	26.02
		拆除及建筑	人工费+机械费	28.55	25.86	24.47
6	市政施工	道路、桥涵	人工费+机械费	23.80	21.61	20.51
		集中供热、燃气、给排水、路灯	人工费	36.56	33.34	30.65
7	园林绿化工程	绿化工程	人工费	23.61	20.75	
		堆砌假山及塑假石山、园路、园桥及园林小品工程	人工费+机械费	20.50	18.58	
8	仿古建筑工程		人工费+机械费	23.25	20.65	18.99
9	包工不包料工程		人工费	16.46	13.15	12.05
10	外购构件工程		人工费+机械费	12.73	11.12	10.33
11	单独装饰装修工程		人工费	24.55	22.47	20.94

表 5-5　利润计取标准

序号	工程项目		计算基础	工程类别		
				一类	二类	三类
				取费标准(%)		
1	建筑与装饰工程		人工费+机械费	19.73	15.62	11.20
2	安装工程		人工费	33.88	27.62	18.28
3	大规模土石方(机械施工)工程		人工费+机械费	2.69		
4	大规模土石方(人工施工)工程		人工费	7.84		
5	抗震加固及维护工程	单独拆除	人工费	24.35	19.86	13.14
		拆除及安装,包工不包料工程	人工费	24.35	19.86	13.14
		拆除及建筑	人工费+机械费	18.35	14.53	10.42
6	市政工程	道路、桥涵	人工费+机械费	13.08	9.42	7.28
		集中供热、燃气、给排水、路灯	人工费	27.48	19.78	15.29

（续）

序号	工程项目		计算基础	工程类别		
				一类	二类	三类
				取费标准（%）		
7	园林绿化工程	绿化工程	人工费	18.58	7.47	
		堆砌假山及塑假石山，公园及园林小品工程	人工费 + 机械费	8.71	3.58	
8	仿古建筑工程		人工费 + 机械费	14.95	8.25	4.78
9	单独装饰装修工程		人工费	20.85	16.96	11.33

注：外购构件工程不得计取利润。

2. 措施项目费计取标准值及规定

（1）费率措施项目

1）建筑与装饰、抗震加固及维修（拆除及建筑）、大规模土石方（机械施工）工程，市政（道路、桥涵）、仿古建筑、园林绿化（堆砌假山及塑假石山、园桥及园林小品）工程，外购构建工程费率措施费计取标准见表 5-6。

表 5-6　建筑与装饰等工程费率措施费计取标准　（%）

序号	费用项目名称		计算基础	建筑与装饰工程	抗震加固（拆除及建筑）工程	大规模土石方（机械施工）工程	市政（道路、桥涵），园林绿化（堆砌假山及塑假山、园路、园桥及园林小品）工程	仿古建筑工程	外购构件工程
1	环境保护费		人工费 + 机械费	0.77	0.98	0.38	0.80	0.80	0.21
2	文明设施费			1.24	1.58	0.61	1.09	1.09	0.32
3	安全施工费			8.87	6.20	4.35	6.82	7.55	4.32
4	临时设施费			4.16	2.04	2.28	2.28	2.28	1.98
5	夜间施工增加费			1.86	2.36	0.91	1.68	1.68	0.80
6	二次搬运费			2.44	3.11	1.20	2.28	2.28	2.42
7	已完工程及设备保护费			0.10	0.13	0.05	0.09	0.09	0.10
8	冬雨季施工增加费			2.44	3.11	1.20	2.23	2.23	1.14
9	工程定位复测费			0.50	0.64	0.25	0.42	0.42	0.26
10	施工因素增加费						1.73	1.73	
11	特殊地区增加费	沙漠及边缘地区		7.08					
		高原 2000 ~ 3000m		4.90					
		高原 3001 ~ 4000m		14.45					

2）安装工程，抗震加固及维修（单独拆除、拆除及安装）、大规模土石方（人工施工）、包工不包料工程，市政（集中供热、燃气、给排水、路灯），园林绿化（绿化）工程

费率措施费计取标准见表 5-7。

表 5-7　安装等工程费率措施费计取标准　　（%）

序号	费用项目名称		计算基础	建筑与装饰工程	抗震加固（拆除及建筑）工程	大规模土石方（机械施工）工程	市政（道路、桥涵），园林绿化（堆砌假山及塑假山、园路、园桥及园林小品）工程	仿古建筑工程	外购构件工程
1	环境保护费		人工费+机械费	1.32	1.29	1.58	0.63	1.29	0.95
2	文明设施费			2.14	1.87	2.53	1.00	1.87	1.25
3	安全设施费			10.50	13.55	9.39	4.09	14.50	9.27
4	临时设施费			8.32	4.43	7.92	3.15	4.43	5.72
5	夜间施工增加费			3.21	2.84	3.77	1.50	2.84	2.84
6	二次搬运费			1.10	—	—	—	—	0.70
7	已完工程及设备保护费			0.18	0.08	0.05	0.02	0.08	0.15
8	冬雨季施工增加费			4.26	3.77	4.98	1.98	3.77	3.03
9	工程定位复测费			0.92	0.70	1.04	0.42	0.70	0.64
10	施工因素增加费			—	2.78	—	—	2.78	—
11	特殊地区增加费	沙漠及边缘地区		8.35					
		高原 2000～3000m		8.44					
		高原 3001～4000m		25.34					

（2）定额措施费项目

定额措施费项目计取按照各专业工程预算（消耗量）定额及有关规定计算。

3. 其他项目计取标准及规定

（1）暂列金额应按照招标工程量清单中列出的金额填写。

（2）材料、工程设备暂估价应按照招标工程量清单中列出的单价计入综合单价。

（3）专业工程暂估价应按照招标工程量清单中列出的金额填写。

（4）计日工应按招标工程量清单中列出的项目和数量，自主确定综合单价并计算计日工金额。

（5）总承包服务费：应根据招标工程量清单中列出的内容和提出的要求确定或参照下列标准确定：

①招标人仅要求对分包的专业工程进行总承包管理和协调时，总承包服务费按分包专业工程估算造价的 1%～3% 计算；

②招标人要求对分包的专业工程进行总承包管理和协调，并同时要求提供脚手架、垂直运输机械以及对总包单位的非生产人员工资、功效降低、工序交叉影响等配合服务的补偿，根据招标文件中列出的配合服务内容和提出的要求，按分包专业工程估算造价的 4%～6% 计算；

③以上总承包服务费参照标准未包括招标人自行采购材料、工程设备的总承包服务费，

发生时另按照本省有关规定计算。

4. 规费项目计取及规定

规费项目费率计取标准见表5-8。

表5-8　规费项目费率计取标准

序　号	规费名称	计算基础	取费标准(%)
1	社会保险费	人工费	核定标准
2	住房公积金		核定标准
3	工程排污费		0.21

以上社会保险费、住房公积金按照《甘肃省建设工程费用标准证书》中的标准计取。

社会保险费、住房公积金在编制招标控制价（过最高限价）时参照表5-9标准计取。

表5-9　社会保险费、住房公积金招标控制价计取标准

序号	费用项目名称	计算基础	建筑与装饰工程,安装工程,大规模土石方工程,抗震加固及维修工程,市政工程,仿古建筑工程,园林绿化工程,包工不包料工程,外购构件工程,单独装饰装修工程。
			费率标准(%)
一	社会保险费(含养老、失业、医疗、工伤、生育保险费)	人工费	18.00
二	住房公积金		7.00

5. 税金计取标准

税金计取标准见表5-10。

表5-10　税金计取标准

序号	纳税地点(工程所在地)	计算基础	税率(%)
1	在市区	(分部分项工程费+措施项目费+其他项目费+规费)或(分部分项工程费+措施项目费+企业管理费+利润+价差调整+规费)	3.48
2	在县城或镇		3.41
3	不在市区、县城或镇		3.28

注：税金系营业税、城市维护建设税、教育费附加以及地方教育税附加。

5.1.5　建筑与装饰工程工程类别划分标准及说明

1. 建筑与装饰工程类别划分（表5-11）

表5-11　建筑与装饰工程类别划分标准

项目				一类	二类	三类
工程建筑	钢结构		跨度	≥30m	≥15m	<15m
			建筑面积	≥12000m^2	≥4000m^2	<4000m^2
	其他结构	单层	檐高	≥20m	≥15m	<15m
			跨度	≥24m	≥15m	<15m
		多层	檐高	≥24m	≥15m	<15m
			建筑面积	≥8000m^2	≥4000m^2	<4000m^2

（续）

项目			一类	二类	三类
民用建筑	公共建筑	檐高	≥36m	≥20m	<20m
		建筑面积	≥7000m^2	≥4000m^2	<4000m^2
		跨度	≥30m	≥15m	<15m
	居住建筑	檐高	≥56m	≥20m	<20m
		层数	≥20 层	≥7 层	<7 层
		建筑面积	≥12000m^2	≥7000m^2	<7000m^2
构筑物	水塔(水箱)	高度	≥75m	≥35m	<35m
		吨位	≥150m^3	≥75m^3	<75m^3
	烟囱	高度	≥100m	≥50m	<50m
	贮仓	高度	≥30m	≥15m	<15m
		容积	≥600m^3	≥300m^3	<300m^3
	贮水(油)池	容积	≥3000m^3	≥1500m^3	<1500m^3
	沉井、沉箱		执行一类	—	—
	室外工程		—	—	执行三类

2. 说明

（1）以单位工程为类别划分单位，在同一类别工程中有几个特征时，凡符合其中之一者，即为该类工程。

（2）一个单位工程有几种工程类型组成时，符合其中较高工程类别指标部分的建筑面积若不低于工程建筑面积的 50%，该工程可全部按该指标确定工程类别；若不低于 50%，但该部分建筑面积又大于 1500m^2，则可按其不同工程类别分别计算。

（3）建筑屋檐高：有挑檐者，是指设计室外地坪高至建筑物挑檐上皮的高度；无挑檐者，是指设计室外地坪高至屋顶板面标高的高度；如有女儿墙的，其高度算至女儿墙顶面；构筑物的高度以设计室外地坪高至建筑物的顶面高度为准。

（4）跨度是指建筑物中，梁、拱券两端的承重结构之间的距离，即两支点中心之间的距离，多跨建筑物按主跨的跨度划分工程类别。

（5）建筑面积是指按《建筑工程建筑面积计算规范》（GB/T 50353—2005）计算的建筑面积。

（6）建筑面积小于标准层 30% 的顶层和建筑物内的设备管道夹层，不计算层数。

（7）超出屋面封闭的楼梯出口间、电梯间、水箱间、楼塔间、瞭望台，不计算高度、层数。

（8）建筑面积大于一个标准层的 50% 且层高 2.2m 及以上的地下室，计算层数。面积小于标准层的 50% 或层高不足 2.2m 的地下室，不计算层数。

（9）居住建筑是指住宅、宿舍、公寓等建筑物。

（10）公共建筑是指满足人们物质文化生活需要和进行社会活动而设置的非生产性建筑物，如综合楼、办公楼、教学楼、实验楼、图书馆、医院、酒店、宾馆、商店、车站、影剧院、礼堂、体育馆、纪念馆、独立车库等以及相类似的工程。

（11）对有声、光、超净、恒温、无菌等特殊要求的工程，其建筑面积超过总建筑面积的 40%，建筑工程类别可按对应标准提高一类核定。

5.2　工程造价计算实例

某建筑企业承建一幢 10 层框架结构住宅楼工程，经计算该工程的分部分项工程及定额措施费为 680 万元（其中：人工费 200 万元，材料费 400 万元，机械费 80 万元），工程在市区，请按甘肃省现行费用定额计算程序及取费标准，确定该工程工程造价，并填入表 5-12。

表 5-12　建筑安装工程费用表

序号	费用项目名称	费率（%）	计　算　式	费用金额/万元
一	分部分项工程费及定额措施费		200 +400 +80	680
	其中：人工费		200	
	材料费		400	
	机械费		80	
二	措施项目费（费率措施费）	22.38	(200 +80) ×22.38%	62.66
三	企业管理费	26	(200 +80) ×26%	72.80
四	利润	15.62	(200 +80) ×15.62%	43.74
五	规费		42.30 +16.45 +0.49	50.42
	社会保险费	18	200 ×18%	36
	住房公积金	7	200 ×7%	14
	工程排污费	0.21	200 ×0.21%	0.42
六	税金	3.48	(680 +62.66 +72.80 +43.74 +50.42) ×3.48%	31.65
七	工程造价		680 +62.66 +72.80 +43.74 +50.42 +31.65	941.27

5.3　工程造价计算实训

某建筑企业承建一幢 18 层框架结构住宅楼工程，经计算该工程的分部分项工程及定额措施费为 920 万元（其中：人工费 300 万元，材料费 520 万元，机械费 100 万元），工程在市区，请按甘肃省现行费用定额计算程序及取费标准，确定该工程工程造价，并填入表 5-13。

表 5-13　建筑安装工程费用表

序号	费用项目名称	费率（%）	计　算　式	费用金额
一	分部分项工程费及定额措施费			
	其中：人工费			
	材料费			
	机械费			

（续）

序号	费用项目名称	费率（%）	计　算　式	费用金额
二	措施项目费（费率措施费）			
三	企业管理费			
四	利润			
五	规费			
	社会保险费			
	住房公积金			
	工程排污费			
六	税金			
七	工程造价			

5.4　工程造价计算思路与参考答案

1. 计算思路

（1）分部分项工程费及定额措施费920万元

其中：人工费+机械费=(300+100)万元=400万元

（2）费率措施费率（二类工程）：22.38%

（3）企业管理费费率（二类工程）：26%

利润率（二类工程）：15.62%

社会保险费率：18%

住房公积金费率：7%

工程排污费费率：0.21%

税率（在市区）：3.48%

2. 参考答案

分部分项工程费及定额措施费920万元（人工费+机械费=(300+100)万元=400万元）

费率措施费：(300+100)万元×22.38%=89.52万元

企业管理费：(300+100)万元×26%=104万元

利润：(300+100)万元×15.62%=62.48万元

社会保险费：300万元×18%=54万元

住房公积金：300万元×7%=21万元

工程排污费：300万元×0.21%=0.63万元

税金：(920+89.52+104+62.48+54+21+0.63)万元×3.48%=1251.63万元×3.48%=43.56万元

工程造价：(920+89.52+104+62.48+54+21+0.63+43.56)万元=1295.19万元

实训项目 6　工程量清单及工程量清单计价的编制

6.1　工程量清单及工程量清单计价的相关知识

1. 工程量清单的编制依据

1）《房屋建筑与装饰工程工程量计算规范》（GB 50854—2013）和现行国家标准《建设工程工程量清单计价规范》（GB 50500—2013）。

2）国家或省级、行业建设主管部门颁发的计价依据和办法。

3）建设工程设计文件。

4）与建设工程项目有关的标准、规范、技术资料。

5）拟定的招标文件。

6）施工现场情况、工程特点及常规施工方案。

7）其他相关资料。

2. 工程量清单的编制程序

工程量清单由分部分项工程量清单、措施项目清单、其他项目清单、规费项目清单、税金项目清单组成。具体的编制程序如图 6-1 所示。

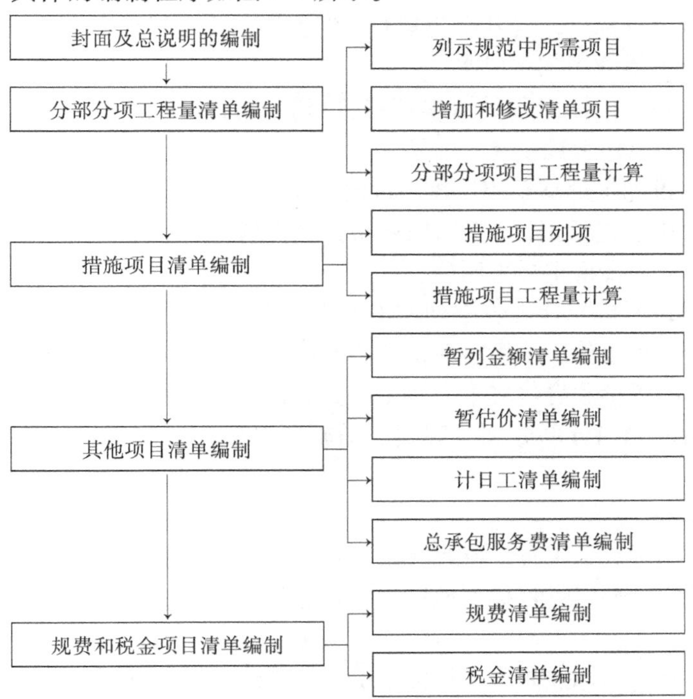

图 6-1　工程量清单的编制程序图

3. 工程量清单编制应注意的问题

（1）工程量清单应根据附录规定的项目编码、项目名称、项目特征、计量单位和工程量计算规则进行编制。

（2）工程量清单的项目编码应采用前十二位阿拉伯数字表示，一至九位应按附录的规定设置，十至十二位应根据拟建工程的工程量清单项目名称和项目特征设置，同一招标工程的项目编码不得有重码。

（3）工程量清单的项目名称应按附录的项目名称结合拟建工程的实际确定。

（4）工程量清单项目特征应按附录中规定的项目特征，结合拟建工程项目的实际予以描述。

（5）工程量清单中所列工程量应按附录中规定的工程量计算规则计算。

（6）工程量清单的计量单位应按附录中规定的计量单位确定。

（7）招标工程量清单应由具有编制能力的招标人或受其委托，具有相应资质的工程造价咨询人或招标代理人编制。

（8）招标工程量清单必须作为招标文件的组成部分，其准确性和完整性由招标人负责。

4. 工程量清单计价的费用构成

工程量清单计价应包括招标文件规定的完成工程量清单所列项目的全部费用，包括分部分项工程费、措施项目费、其他项目费、规费和税金。

单位工程费 = 分部分项工程费 + 措施项目费 + 其他项目费 + 规费 + 税金

5. 编制投标报价应注意的问题

（1）投标报价是指投标人结合自身的技术经济条件，按招标文件的规定和要求所计算的，完成招标项目的各项工作内容向招标人填报的项目报价。

（2）投标价应由投标人或受其委托具有相应资质的工程造价咨询人编制。

（3）投标报价不得低于工程成本。

（4）投标人必须按招标工程量清单填报价格。项目编码、项目名称、项目特征、计量单位、工程量必须与招标工程量清单一致。

（5）投标人的投标报价高于招标控制价的应予废标。

（6）综合单价中应包括招标文件中划分的应由投标人承担的风险范围及其费用，招标文件中没有明确的，应提请招标人明确。

（7）招标工程量清单与计价表中列明的所有需要填写的单价和合价的项目，投标人均应填写且只允许有一个报价。未填写单价和合价的项目，视为此项费用已包含在已标价工程量清单中其他项目的单价和合价之中。竣工结算时，此项目不得重新组价予以调整。

（8）投标总价应当与分部分项工程费、措施项目费、其他项目费和规费、税金的合计金额一致。

6. 工程计价表格

计价规范中明确规定了工程计价表宜采用统一格式。各省、自治区、直辖市建设行政主管部门和行业建设主管部门可根据本地区、本行业的实际情况，在计价规范计价表格的基础上补充完善。

工程量清单编制，招标控制价、投标报价、竣工结算的编制，工程造价鉴定等使用的表格如表 6-1 ~ 表 6-40 所示。

表 6-1　招标工程量清单封面

____________________工程

招 标 工 程 量 清 单

招　标　人：____________________

（单位盖章）

造价咨询人：____________________

（单位盖章）

年　　月　　日

表 6-2　招标控制价封面

______________工程

招 标 控 制 价

招　标　人：______________

（单位盖章）

造价咨询人：______________

（单位盖章）

年　　月　　日

表6-3　投标总价封面

______________________工程

投 标 总 价

投　标　人：______________________

（单位盖章）

年　　月　　日

表 6-4　竣工结算书封面

________________工程

竣工结算书

发　包　人：________________

（单位盖章）

承　包　人：________________

（单位盖章）

造价咨询人：________________

（单位盖章）

年　　月　　日

表6-5　工程造价鉴定意见书封面

____________________工程 编号：×××［2×××］××号 **工程造价鉴定意见书** 造价咨询人：______________________ （单位盖章） 年　月　日

表 6-6　招标工程量清单扉页

________________工程

招 标 工 程 量 清 单

招　标　人：________________ （单位盖章）	造价咨询人：________________ （单位资质盖章）
法定代表人 或其授权人：________________ （签字或盖章）	法定代表人 或其授权人：________________ （签字或盖章）
编　制　人：________________ （造价人员签字盖专用章）	复　核　人：________________ （造价工程师签字盖专用章）
编 制 时 间：　　年　　月　　日	编 制 时 间：　　年　　月　　日

表6-7　招标控制价扉页

________________工程

招 标 控 制 价

招标控制价（小写）：________________

（大写）：________________

招　标　人：________________
（单位盖章）

造价咨询人：________________
（单位资质专用章）

法定代表人
或其授权人：________________
（签字或盖章）

法定代表人
或其授权人：________________
（签字或盖章）

编　制　人：________________
（造价人员签字盖专用章）

复　核　人：________________
（造价工程师签字盖专用章）

编制时间：　年　月　日

编制时间：　年　月　日

表 6-8　投标总价扉页

投 标 总 价

招　标　人：________________________

工 程 名 称：________________________

投 标 总 价（小写）：________________________

（大写）：________________________

招　标　人：________________________

（单位盖章）

法定代表人

或其授权人：________________________

（签字或盖章）

编　制　人：________________________

（造价人员签字盖专用章）

时　　间：　　年　　月　　日

表6-9　竣工结算总结扉页

______________工程

竣工结算总价

签约合同价（小写）：______________（大写）：______________

竣工结算价（小写）：______________（大写）：______________

发　包　人：__________（单位盖章）　承　包　人：__________（单位盖章）　造价咨询人：__________（单位资质专用章）

法定代表人
或其授权人：__________（签字或盖章）　法定代表人
或其授权人：__________（签字或盖章）　法定代表人
或其授权人：__________（签字或盖章）

编　制　人：______________（造价人员签字盖专用章）　审　核　人：______________（造价工程师签字章专用章）

编制时间：　年　月　日　编制时间：　年　月　日

表 6-10　工程造价鉴定意见书扉页

______________工程

工程造价鉴定意见书

鉴定结论：

造价咨询人：______________

（盖单位及资质专用章）

法定代表人：______________

（签字或盖章）

造价工程师：______________

（签字盖专用章）

年　　月　　日

表6-11　工程计价总说明表

总　说　明

工程名称：　　　　　　　　　　　　　　　　　　　　第　页　　共　页

表 6-12　建设项目招标控制价/投标报价汇总表

工程名称:　　　　　　　　　　　　　　　　　　　　　　第　页　　共　页

序号	单项工程名称	金额/元	其中/元		
			暂估价	安全文明施工费	规费
合　计					

注：本表适用于工程项目招标控制价或投标报价的汇总。

表6-13　单项工程招标控制价/投标总价汇总表

工程名称：　　第　页　　共　页

序号	单项工程名称	金额/元	其中/元		
			暂估价	安全文明施工费	规费
	合　计				

注：本表适用于单项工程招标控制价或投标报价的汇总。暂估价包括分部分项工程中的暂估价和专业工程暂估价。

表 6-14　单位工程招标控制价/投标总价汇总表

工程名称：　　　　标段：　　　　第　页　　共　页

序号	汇 总 内 容	金额/元	其中：暂估价/元
1	分部分项工程		
1.1			
1.2			
1.3			
1.4			
1.5			
2	措施项目费		—
2.1	其中：安全文明施工费		—
2.2	其他措施项目费		—
3	其他项目		—
3.1	其中：暂列金额		—
3.2	其中：专业工程暂估价		—
3.3	其中：计日工		—
3.4	其中：总承包服务费		—
4	规费		—
5	税金		—
招标控制价合计 = 1 + 2 + 3 + 4 + 5			

注：本表适用于单位工程招标控制价或投标报价的汇总，如无单位工程划分，单项工程也使用本表汇总。

表6-15　建设项目竣工结算汇总表

工程名称　　　　　　　　　　　　　　　　　　　　　　　　第　页　共　页

序号	单项工程名称	金额/元	其中/元	
			安全文明施工费	规费
合　计				

表 6-16　单项工程竣工结算汇总表

工程名称:　　　　　　　　　　　　　　　　　　第　页　共　页

序号	单位工程名称	金额/元	其中/元	
			安全文明施工费	规　费
合　计				

表6-17　单位工程竣工结算汇总表

工程名称：　　标段：　　第　页　共　页

序号	汇　总　内　容	金额/元
1	分部分项工程	
1.1		
1.2		
1.3		
1.4		
1.5		
2	措施项目费	
2.1	其中：安全文明施工费	
3	其他项目	
3.1	其中：专业工程暂估价	
3.2	其中：计日工	
3.3	其中：总承包服务费	
3.4	其中：索赔与现场签证	
4	规费	
5	税金	
招标控制价合计=1+2+3+4+5		

注：如无单位工程划分，单项工程也使用本表汇总。

表 6-18　分部分项工程和单价措施项目清单与计价表

工程名称：　　　　　　　　　　　　标段：　　　　　　　　　　　　第　页　共　页

序号	项目编码	项目名称	项目特征描述		计量单位	工程量	金额/元		
							综合单价	合价	其中
									暂估价
本页小计									
合计									

注：为计取规费等的使用，可在表中增设其中：“定额人工费”。

表 6-19　综合单价分析表

工程名称：　　　　　　　　　　标段：　　　　　　　　　　第　页　共　页

<table>
<tr><td colspan="2">项目编码</td><td colspan="2"></td><td>项目名称</td><td></td><td>计量单位</td><td></td><td colspan="2">工程量</td><td colspan="2"></td></tr>
<tr><td colspan="12">清单综合单价组成明细</td></tr>
<tr><td rowspan="2">定额编码</td><td rowspan="2">定额项目名称</td><td rowspan="2">定额单位</td><td rowspan="2">数量</td><td colspan="4">单价/元</td><td colspan="4">合价/元</td></tr>
<tr><td>人工费</td><td>材料费</td><td>机械费</td><td>管理费和利润</td><td>人工费</td><td>材料费</td><td>机械费</td><td>管理费和利润</td></tr>
<tr><td></td><td></td><td></td><td></td><td></td><td></td><td></td><td></td><td></td><td></td><td></td><td></td></tr>
<tr><td></td><td></td><td></td><td></td><td></td><td></td><td></td><td></td><td></td><td></td><td></td><td></td></tr>
<tr><td></td><td></td><td></td><td></td><td></td><td></td><td></td><td></td><td></td><td></td><td></td><td></td></tr>
<tr><td></td><td></td><td></td><td></td><td></td><td></td><td></td><td></td><td></td><td></td><td></td><td></td></tr>
<tr><td colspan="2">人工单价</td><td colspan="6">小计</td><td></td><td></td><td></td><td></td></tr>
<tr><td colspan="2">元/工日</td><td colspan="6">未计价材料费</td><td colspan="4"></td></tr>
<tr><td colspan="8">清单项目综合单价</td><td colspan="4"></td></tr>
<tr><td rowspan="7">材料费明细</td><td colspan="4">主要材料名称、规格、型号</td><td>单位</td><td colspan="2">数量</td><td>单价/元</td><td>合价/元</td><td>暂估单价/元</td><td>暂估合价/元</td></tr>
<tr><td colspan="4"></td><td></td><td colspan="2"></td><td></td><td></td><td></td><td></td></tr>
<tr><td colspan="4"></td><td></td><td colspan="2"></td><td></td><td></td><td></td><td></td></tr>
<tr><td colspan="4"></td><td></td><td colspan="2"></td><td></td><td></td><td></td><td></td></tr>
<tr><td colspan="4"></td><td></td><td colspan="2"></td><td></td><td></td><td></td><td></td></tr>
<tr><td colspan="7">其他材料费</td><td></td><td></td><td></td><td></td></tr>
<tr><td colspan="7">材料费小计</td><td></td><td></td><td></td><td></td></tr>
</table>

注：1. 如不使用省级或行业建设主管部门发布的计价依据，可不填定额编号、名称等。

2. 招标文件提供了暂估单价的材料，按暂估的单价填入表内“暂估单价”栏及“暂估合价”栏。

表 6-20　综合单价调整表

工程名称：　　　　标段：　　　　第　页　共　页

序号	项目编码	项目名称	已标价清单综合单价/元					调整后综合单价/元				
			综合单价	其中				综合单价	其中			
				人工费	材料费	机械费	管理费和利润		人工费	材料费	机械费	管理费和利润

造价工程师（签章）：　发包人代表（签章）： 日期：	造价人员（签章）：　承包人代表（签章）： 日期：

注：综合单价调整应附调整依据。

表6-21　总价措施项目清单与计价表

工程名称：　　　　　　　　　　标段：　　　　　　　　　　第　页　共　页

序号	项目编码	项目名称	计算基础	费率（%）	金额/元	调整费率（%）	调整后金额/元	备注
		安全文明施工费						
		夜间施工增加费						
		二次搬运费						
		冬雨季施工增加费						
		已完工程及设备保护费						
	合计							

编制人（造价人员）：　　　　　　　　　　复核人（造价工程师）：

注：1.“计算基础”中安全文明施工费可为“定额基价”、“定额人工费”或“定额人工费+定额机械费”，其他项目可为“定额人工费”或“定额人工费+定额机械费”。

2. 按施工方案计算的措施费，若无“计算基础”和“费率”的数值，也可只填“金额”数值，但应在备注栏说明施工方案出处或计算方法。

表 6-22　其他项目清单与计价汇总表

工程名称：　　　　标段：　　　　第　页　共　页

序号	项目名称	金额/元	结算金额/元	备注
1	暂列金额			
2	暂估价			
2. 1	材料（工程设备）暂估价/结算价			
2. 2	专业工程暂估价/结算价			
3	计日工			
4	总承包服务费			
5	索赔与现场签证			
	合计			

注：材料（工程设备）暂估单价进入清单项目综合单价，此处不汇总。

表 6-23　暂列金额明细表

工程名称：　　　　　　　　　　　标段：　　　　　　　　　　　第　页　共　页

序号	项目名称	计量单位	暂列金额/元	备注
合计				—

注：此表由招标人填写，如不能详列，也可只列金额总额，投标人应将上述暂列金额计入投标总价中。

表 6-24　材料（工程设备）暂估单价及调整表

工程名称：　　　　　　　　　　　　标段：　　　　　　　　　　　　第　页　共　页

序号	材料（工程设备）名称、规格、型号	计量单位	数量		暂估/元		确认/元		差额±/元		备注
			暂估	确认	单价	合价	单价	合价	单价	合价	
合计											

注：此表由招标人填写“暂估单价”，并在备注栏说明暂估价的材料、工程设备拟用在哪些清单项目上，投标人应将上述材料、工程设备暂估单价计入工程量清单综合单价报价中。

表6-25　专业工程暂估价及结算价表

工程名称：　　　　标段：　　　　第　页　共　页

序号	工程名称	工程内容	暂估金额/元	结算金额/元	差额±/元	备注
合　计						

注：此表“暂估金额”由招标人填写，投标人应将“暂估金额”计入投标总价中。结算时按合同约定结算金额填写。

表6-26 计日工表

工程名称： 标段： 第 页 共 页

<table>
<tr><th rowspan="2">编号</th><th rowspan="2">项目名称</th><th rowspan="2">单位</th><th rowspan="2">暂定数量</th><th rowspan="2">实际数量</th><th rowspan="2">综合单价/元</th><th colspan="2">合价/元</th></tr>
<tr><th>暂定</th><th>实际</th></tr>
<tr><td>一</td><td>人工</td><td></td><td></td><td></td><td></td><td></td><td></td></tr>
<tr><td>1</td><td></td><td></td><td></td><td></td><td></td><td></td><td></td></tr>
<tr><td>2</td><td></td><td></td><td></td><td></td><td></td><td></td><td></td></tr>
<tr><td>3</td><td></td><td></td><td></td><td></td><td></td><td></td><td></td></tr>
<tr><td colspan="6">人工小计</td><td></td><td></td></tr>
<tr><td>二</td><td>材料</td><td></td><td></td><td></td><td></td><td></td><td></td></tr>
<tr><td>1</td><td></td><td></td><td></td><td></td><td></td><td></td><td></td></tr>
<tr><td>2</td><td></td><td></td><td></td><td></td><td></td><td></td><td></td></tr>
<tr><td>3</td><td></td><td></td><td></td><td></td><td></td><td></td><td></td></tr>
<tr><td>4</td><td></td><td></td><td></td><td></td><td></td><td></td><td></td></tr>
<tr><td>5</td><td></td><td></td><td></td><td></td><td></td><td></td><td></td></tr>
<tr><td colspan="6">材料小计</td><td></td><td></td></tr>
<tr><td>三</td><td>施工机械</td><td></td><td></td><td></td><td></td><td></td><td></td></tr>
<tr><td>1</td><td></td><td></td><td></td><td></td><td></td><td></td><td></td></tr>
<tr><td>2</td><td></td><td></td><td></td><td></td><td></td><td></td><td></td></tr>
<tr><td>3</td><td></td><td></td><td></td><td></td><td></td><td></td><td></td></tr>
<tr><td>4</td><td></td><td></td><td></td><td></td><td></td><td></td><td></td></tr>
<tr><td colspan="6">施工机械小计</td><td></td><td></td></tr>
<tr><td colspan="6">四、企业管理费和利润</td><td></td><td></td></tr>
<tr><td colspan="6">总 计</td><td></td><td></td></tr>
</table>

注：此表项目名称、数量由招标人填写，编制招标控制价时，单价由招标人按计价规定确定；投标时，单价由投标人自主报价，按暂定数量计算合价计入投标总价中。结算时，按发承包双方确认的实际数量计算合价。

表6-27　总承包服务费计价表

工程名称：　　　　　　　　　　　　　　　　标段：　　　　　　　　　　　　　　　第　页　共　页

序号	项目名称	项目价值/元	服务内容	计算基础	费率（%）	金额/元
1	发包人发包专业工程					
2	发包人提供材料					
	合计	—	—		—	

注：此表项目名称、服务内容由招标人填写，编制招标控制价时，费率及金额由招标人按有关计价规定确定；投标时，费率及金额由投标人自主报价，计入投标总价中。

表 6-28　索赔与现场签证计价汇总表

工程名称：　　　　　　　　标段：　　　　　　　　第　页　共　页

序号	签证及索赔项目名称	计量单位	数量	单价/元	合 价/元	索赔及签证依据
—	本页小计	—	—	—		—
—	合计	—	—	—		—

注：签证及索赔依据是指双方认可的签证单和索赔依据编号。

表6-29　费用索赔申请（核准）表

工程名称：　　　　　　　　　　　标段：　　　　　　　　　　　编号：

致：____（发包人全称）

根据施工合同条款________条的约定，由于________原因，我方要求索赔金额（大写）________________（小写________），请予核准。

附：1. 费用索赔的详细理由和依据：

2. 索赔金额计算：

3. 证明材料：

承包人（章）

造价人员________　　　承包人代表________　　　日　　期________

复核意见： 根据施工合同条款______条的约定，你方提出的费用索赔申请经复核： □不同意此项索赔，具体意见见附件。 □同意此项索赔，索赔金额的计算，由造价工程师复核。 监理工程师________ 日　　期________	复核意见： 根据施工合同条款______条的约定，你方提出的费用索赔申请经复核，索赔金额为（大写______________）（小写______）。 造价工程师________ 日　　期________

审核意见：

□不同意此项索赔。

□同意此项索赔，与本期进度款同期支付。

发包人（章）

发包人代表________

日　　期________

注：1. 在选择栏中的“□”内作标识“✓”。

2. 本表一式四份，由承包人填报，发包人、监理人、造价咨询人、承包人各存一份。

表 6-30　现场签证表

工程名称：　　　　标段：　　　　编号：

施工部位		日　期	

致：＿＿＿＿＿＿＿＿＿＿＿＿＿＿＿＿＿＿＿＿＿＿＿＿（发包人全称）

根据＿＿＿（指令人姓名）　年　月　日的口头指令或你方＿＿＿（或监理人）　年　月　日的书面通知，我方要求完成此项工作应支付价款金额为（大写）＿＿＿＿＿（小写＿＿＿＿），请予核准。

附：1. 签证事由及原因

2. 附图及计算式

承包人（章）

造价人员＿＿＿＿＿　　承包人代表＿＿＿＿＿　　日　期＿＿＿＿＿

复核意见： 你方提出的此项签证申请经复核： □不同意此项签证，具体意见见附件。 □同意此项签证，签证金额的计算，由造价工程师复核。 监理工程师＿＿＿＿＿ 日　期＿＿＿＿＿	复核意见： □此项签证按承包人中标的计日工单价计算，金额为（大写）　　元，（小写　　元）。 □此项签证因无计日工单价，金额为（大写）　　元，（小写　　元）。 造价工程师＿＿＿＿＿ 日　期＿＿＿＿＿

审核意见：

□不同意此项索签证。

□同意此项签证，价款与本期进度款同期支付。

发包人（章）

发包人代表＿＿＿＿＿

日　期＿＿＿＿＿

注：1. 在选择栏中的“□”内作标识“✓”。

2. 本表一式四份，由承包人在收到发包人（监理人）的口头或书面通知后填写，发包人、监理人、造价咨询人、承包人各存一份。

表6-31　规费、税金项目清单与计价表

工程名称：　　　　　　　　标段：　　　　　　　　第　页　共　页

序号	项目名称	计算基础	计算基数	计算费率（%）	金额/元
1	规费	定额人工费			
1.1	社会保险费	定额人工费			
(1)	养老保险费	定额人工费			
(2)	失业保险费	定额人工费			
(3)	医疗保险费	定额人工费			
(4)	工伤保险费	定额人工费			
(5)	生育保险费	定额人工费			
1.2	住房公积金	定额人工费			
1.3	工程排污费	按工程所在地环境保护部门收取标准，按实计入			
2	税金	分部分项工程费+措施项目费+其他项目费+规费-按规定不计税的工程设备金额			
合计					

编制人（造价人员）：　　　　　　　　复核人（造价工程师）：

表 6-32　工程计量申请（核准）表

工程名称：　　　　　　　　　　　　标段：　　　　　　　　　　　　第　页　共　页

序号	项目编码	项目名称	计量单位	承包人申报数量	发包人核实数量	发承包人确认数量	备注

承包人代表： 日期：	监理工程师： 日期：	造价工程师： 日期：	发包人代表： 日期：

表6-33　预付款支付申请（核准）表

工程名称：　　　　　　　　　　　　　　标段：　　　　　　　　　　　　　　编号：

致：____（发包人全称）

我方根据施工合同的约定，现申请支付工程预付款额为（大写）______（小写）______，请予核准。

序号	名称	申请金额/元	复核金额/元	备注
1	已签约合同几款金额			
2	其中：安全文明施工费			
3	应支付的预付款			
4	应支付安全文明施工费			
5	合计应支付的预付款			

承包人（章）

造价人员________　　承包人代表________　　日　期________

复核意见：

□与合同约定不相符，修改意见见附件。

□与合同约定相符，具体金额由造价工程师复核。

监理工程师______

日　期______

复核意见：

你方提出的支付申请经复核，应支付预付款金额为（大写）______，（小写______）。

造价工程师______

日　期______

审核意见：

□不同意。

□同意，支付时间为本表签发后的15天内。

发包人（章）

发包人代表______

日　期______

注：1. 在选择栏中的“□”内作标识“✓”。

2. 本表一式四份，由承包人填报，发包人、监理人、造价咨询人、承包人各存一份。

表 6-34　总价项目进度款支付分解表

工程名称：　　　　标段：　　　　单位：元

序号	项目名称	总价金额	首次支付	二次支付	三次支付	四次支付	五次支付	
	安全文明施工费							
	夜间施工增加费							
	二次搬运费							
	社会保险费							
	住房公积金							
合计								

编制人（造价人员）：　　　　复核人（造价工程师）：

注：1. 本表应由承包人在投标报价时根据发包人在招标文件明确的进度款支付周期与报价填写，签订合同时，发承包双方可就支付分解协商调整后作为合同附件。

2. 单价合同使用本表，“支付”栏时间应与单价项目进度款支付周期相同。

3. 总价合同使用本表，“支付”栏时间应与约定的工程计量周期相同。

表 6-35　进度款支付申请（核准）表

工程名称：　　　　　　　　　　标段：　　　　　　　　　　编号：

致：(发包人全称)________________

我方于________至________期间已完成了________工作，根据施工合同的约定，现申请支付本周期的合同款额为（大写）________（小写________），请予核准。

序　号	名　称	实际金额/元	申请金额/元	复核金额/元	备　注
1	累计已完成的合同价款		—		
2	累计已实际支付的合同价款		—		
3	本周期合计完成的合同价款				
3.1	本周期已完成单价项目的金额				
3.2	本周期应支付的总价项目的金额				
3.3	本周期已完成的计日工价款				
3.4	本周期应支付的安全文明施工费				
3.5	本周期应增加的合同价款				
4	本周期合计应扣减的金额				
4.1	本周期应抵扣的预付款				
4.2	本周期应扣减的金额				
5	本周期应支付的合同价款				

附：上述 3、4 详见附件清单。

承包人（章）

造价人员__________　　承包人代表__________　　日　期__________

复核意见：

□与实际施工情况不相符，修改意见见附件。

□与实际施工情况相符，具体金额由造价工程师复核。

监理工程师________

日　期________

复核意见：

你方提出的支付申请经复核，本周期已完成合同价款额为（大写）________（小写________），本周期应支付金额为（大写）________（小写________）。

造价工程师________

日　期________

审核意见：

□不同意。

□同意，支付时间为本表签发后的 15 天内。

发包人（章）

发包人代表________

日　期________

注：1. 在选择栏中的“□”内作标识“✓”。

2. 本表一式四份，由承包人填报，发包人、监理人、造价咨询人、承包人各存一份。

表 6-36 竣工结算款支付申请（核准）表

工程名称： 标段： 编号：

致：（发包人全称）

我方于________至________期间已完成合同约定的工作，工程已完工，根据施工合同的约定，现申请支付竣工结算合同款额为（大写）________（小写________），请予核准。

序号	名 称	申请金额/元	复核金额/元	备 注
1	竣工结算合同价款总额			
2	累计已实际支付的合同价款			
3	应预留的质量保证金			
4	应支付的竣工结算款金额			

承包人（章）

造价人员__________ 承包人代表__________ 日 期__________

复核意见：

□与实际施工情况不相符，修改意见见附件。

□与实际施工情况相符，具体金额由造价工程师复核。

监理工程师________

日 期________

复核意见：

你方提出的竣工结算款支付申请经复核，竣工结算款总额为（大写）________（小写________），扣除前期支付以及质量保证金后应支付金额为（大写）________（小写________）。

造价工程师________

日 期________

审核意见：

□不同意。

□同意，支付时间为本表签发后的 15 天内。

发包人（章）

发包人代表________

日 期________

注：1. 在选择栏中的“□”内作标识“√”。

2. 本表一式四份，由承包人填报，发包人、监理人、造价咨询人、承包人各存一份。

表 6-37　最终结清支付申请（核准）表

工程名称：　　　　　　　　　　　　　　　　　标段：　　　　　　　　　　　　　　　编号：

致：(发包人全称)

我方于________至________期间已完成了缺陷修复工作，根据施工合同的约定，现申请支付最终结清合同款额为（大写）________（小写________），请予核准。

序号	名　称	申请金额/元	复核金额/元	备　注
1	已预留的质量保证金			
2	应增加因发包人原因造缺陷的修复金额			
3	应扣减承包人不修复缺陷、发包人组织修复的金额			
4	最终应支付的合同价款			

上述 3、4 详见附件清单。

承包人（章）

造价人员__________　承包人代表__________　日　期__________

复核意见：

□与实际施工情况不相符，修改意见见附件。

□与实际施工情况相符，具体金额由造价工程师复核。

监理工程师________

日　　期________

复核意见：

你方提出的支付申请经复核，最终应支付金额为（大写）________（小写________）。

造价工程师________

日　　期________

审核意见：

□不同意。

□同意，支付时间为本表签发后的 15 天内。

发包人（章）

发包人代表________

日　　期________

注：1. 在选择栏中的“□”内作标识“✓”。

2. 本表一式四份，由承包人填报，发包人、监理人、造价咨询人、承包人各存一份。

表 6-38　发包人提供材料和工程设备一览表

工程名称：　　　　　　　　　　　　标段：　　　　　　　　　　　　第　页　共　页

序号	材料（工程设备）名称、规格、型号	单位	数量	单价/元	交货方式	送达地点	备注

注：此表由招标人填写，供投标人在投标报价、确定总承包服务费时参考。

表6-39　承包人提供主要材料和工程设备一览表

（适用于造价信息差额调整法）

工程名称：　　　　　　　　　　　　标段：　　　　　　　　　　　第　页　共　页

序号	名称、规格、型号	单位	数量	风险系数（%）	基准单价/元	投标单价/元	发承包人确认单价/元	备注

注：1. 此表由招标人填写除“投标单价”栏的内容，投标人在投标时自主确定投标单价。

2. 招标人应优先采用工程造价管理机构发布的单价作为基准单价，未发布的，通过市场调查确定其基准单价。

表 6-40　承包人提供主要材料和工程设备一览表

（适用于价格指数差额调整法）

工程名称：　　　　　　　　　　　标段：　　　　　　　　　　　第　页　共　页

序号	名称、规格、型号	变值权重 B	基本价格指数 F_0	现行价格指数 F_t	备注
	定值权重 A		—	—	
合计		1	—	—	

注：1. “名称、规格、型号”，“基本价格指数”栏由招标人填写，基本价格指数应首先采用工程造价管理机构发布的价格指数，没有时，可采用发布的价格代替。如人工、机械费也采用本法调整，由招标人在“名称”栏填写。

2. “变值权重”栏由投标人根据该项人工、机械费和材料、工程设备价值在投标总价中所占的比例填写，1 减去其比例为定值权重。

3. “现行价格指数”按约定的付款证书相关周期最后一天的前 42 天的各项价格指数填写，该指数应首先采用工程造价管理机构发布的价格指数，没有时，可采用发布的价格代替。

6.2　综合单价的计算

【综合单价计算实训 1】根据【土石方工程工程量计算实训 1】所计算出平整场地的清单工程量和计价工程量，以及该项目的项目特征描述结合具体的工作内容进行综合单价计算，并填写综合单价表 6-41（工程类别为三类）。

表 6-41　综合单价分析表

工程名称：　　　　　　　　　　　　标段：　　　　　　　　　　　第　页　共　页

<table>
<tr><td colspan="2">项目编码</td><td colspan="2"></td><td colspan="2">项目名称</td><td colspan="2"></td><td>计量单位</td><td></td><td>工程量</td><td></td></tr>
<tr><td colspan="12">清单综合单价组成明细</td></tr>
<tr><td rowspan="2">定额编码</td><td rowspan="2">定额名称</td><td rowspan="2">定额单位</td><td rowspan="2">数量</td><td colspan="4">单价</td><td colspan="4">合价</td></tr>
<tr><td>人工费</td><td>材料费</td><td>机械费</td><td>管理费和利润</td><td>人工费</td><td>材料费</td><td>机械费</td><td>管理费和利润</td></tr>
<tr><td></td><td></td><td></td><td></td><td></td><td></td><td></td><td></td><td></td><td></td><td></td><td></td></tr>
<tr><td></td><td></td><td></td><td></td><td></td><td></td><td></td><td></td><td></td><td></td><td></td><td></td></tr>
<tr><td></td><td></td><td></td><td></td><td></td><td></td><td></td><td></td><td></td><td></td><td></td><td></td></tr>
<tr><td></td><td></td><td></td><td></td><td></td><td></td><td></td><td></td><td></td><td></td><td></td><td></td></tr>
<tr><td colspan="2">人工单价</td><td colspan="6">小计</td><td></td><td></td><td></td><td></td></tr>
<tr><td colspan="2">元/工日</td><td colspan="6">未计价材料费</td><td colspan="4"></td></tr>
<tr><td colspan="8">清单项目综合单价</td><td colspan="4"></td></tr>
<tr><td rowspan="7">材料费明细</td><td colspan="3">主要材料名称、规格、型号</td><td colspan="2">单位</td><td colspan="2">数量</td><td>单价/元</td><td>合价/元</td><td>暂估单价/元</td><td>暂估合价/元</td></tr>
<tr><td colspan="3"></td><td colspan="2"></td><td colspan="2"></td><td></td><td></td><td></td><td></td></tr>
<tr><td colspan="3"></td><td colspan="2"></td><td colspan="2"></td><td></td><td></td><td></td><td></td></tr>
<tr><td colspan="3"></td><td colspan="2"></td><td colspan="2"></td><td></td><td></td><td></td><td></td></tr>
<tr><td colspan="3"></td><td colspan="2"></td><td colspan="2"></td><td></td><td></td><td></td><td></td></tr>
<tr><td colspan="7">其他材料费</td><td></td><td></td><td></td><td></td></tr>
<tr><td colspan="7">材料费小计</td><td></td><td></td><td></td><td></td></tr>
</table>

【综合单价计算实训2】根据【砌筑工程工程量计算实训1】所计算出砖基础的清单工程量和计价工程量，以及该项目的项目特征描述结合具体的工作内容进行综合单价计算，并填写综合单价表6-42（工程类别为二类）。

表6-42　综合单价分析表

工程名称：　　　　　　　　标段：　　　　　　　　第　页　共　页

<table>
<tr><td colspan="2">项目编码</td><td colspan="2"></td><td colspan="2">项目名称</td><td colspan="2"></td><td colspan="2">计量单位</td><td>工程量</td><td></td></tr>
<tr><td colspan="12">清单综合单价组成明细</td></tr>
<tr><td rowspan="2">定额编码</td><td rowspan="2">定额项目名称</td><td rowspan="2">定额单位</td><td rowspan="2">数量</td><td colspan="4">单价</td><td colspan="4">合价</td></tr>
<tr><td>人工费</td><td>材料费</td><td>机械费</td><td>管理费和利润</td><td>人工费</td><td>材料费</td><td>机械费</td><td>管理费和利润</td></tr>
<tr><td></td><td></td><td></td><td></td><td></td><td></td><td></td><td></td><td></td><td></td><td></td><td></td></tr>
<tr><td></td><td></td><td></td><td></td><td></td><td></td><td></td><td></td><td></td><td></td><td></td><td></td></tr>
<tr><td></td><td></td><td></td><td></td><td></td><td></td><td></td><td></td><td></td><td></td><td></td><td></td></tr>
<tr><td></td><td></td><td></td><td></td><td></td><td></td><td></td><td></td><td></td><td></td><td></td><td></td></tr>
<tr><td colspan="2">人工单价</td><td colspan="6">小计</td><td></td><td></td><td></td><td></td></tr>
<tr><td colspan="2">元/工日</td><td colspan="6">未计价材料费</td><td colspan="4"></td></tr>
<tr><td colspan="8">清单项目综合单价</td><td colspan="4"></td></tr>
<tr><td rowspan="7">材料费明细</td><td colspan="4">主要材料名称、规格、型号</td><td colspan="2">单位</td><td>数量</td><td>单价/元</td><td>合价/元</td><td>暂估单价/元</td><td>暂估合价/元</td></tr>
<tr><td colspan="4"></td><td colspan="2"></td><td></td><td></td><td></td><td></td><td></td></tr>
<tr><td colspan="4"></td><td colspan="2"></td><td></td><td></td><td></td><td></td><td></td></tr>
<tr><td colspan="4"></td><td colspan="2"></td><td></td><td></td><td></td><td></td><td></td></tr>
<tr><td colspan="4"></td><td colspan="2"></td><td></td><td></td><td></td><td></td><td></td></tr>
<tr><td colspan="7">其他材料费</td><td></td><td></td><td></td><td></td></tr>
<tr><td colspan="7">材料费小计</td><td></td><td></td><td></td><td></td></tr>
</table>

【综合单价计算实训 3】计算块料面层（600×600 地板砖）地面清单项目的综合单价。

已知条件如下：①项目名称为：块料地面；项目编码为：011102003001；清单工程量为 300m²；②根据块料面层地面项目特征描述，计算其相对应的定额工程量分别为：块料地面为 300m²，1∶3 水泥砂浆找平层 300m²；③工程类别为三类，其中企业管理费费率为 24.75%，利润率为 11.20%，人工单价为：150 元/工日。

根据当地的消耗量定额与地区基价计算块料地面项目的综合单价，将计算内容填入分部分项工程量清单综合单价分析表 6-43 中。

表 6-43　综合单价分析表

工程名称：　　　　　　　　　　　　标段：　　　　　　　　　　第　页　共　页

<table>
<tr><td colspan="2">项目编码</td><td colspan="2"></td><td colspan="2">项目名称</td><td colspan="2"></td><td colspan="2">计量单位</td><td></td><td>工程量</td><td></td></tr>
<tr><td colspan="13">清单综合单价组成明细</td></tr>
<tr><td rowspan="2">定额编码</td><td rowspan="2">定额项目名称</td><td rowspan="2">定额单位</td><td rowspan="2">数量</td><td colspan="4">单价</td><td colspan="5">合价</td></tr>
<tr><td>人工费</td><td>材料费</td><td>机械费</td><td>管理费和利润</td><td>人工费</td><td>材料费</td><td>机械费</td><td colspan="2">管理费和利润</td></tr>
<tr><td></td><td></td><td></td><td></td><td></td><td></td><td></td><td></td><td></td><td></td><td></td><td colspan="2"></td></tr>
<tr><td></td><td></td><td></td><td></td><td></td><td></td><td></td><td></td><td></td><td></td><td></td><td colspan="2"></td></tr>
<tr><td></td><td></td><td></td><td></td><td></td><td></td><td></td><td></td><td></td><td></td><td></td><td colspan="2"></td></tr>
<tr><td></td><td></td><td></td><td></td><td></td><td></td><td></td><td></td><td></td><td></td><td></td><td colspan="2"></td></tr>
<tr><td colspan="2">人工单价</td><td colspan="6">小计</td><td></td><td></td><td></td><td colspan="2"></td></tr>
<tr><td colspan="2">元/工日</td><td colspan="6">未计价材料费</td><td colspan="5"></td></tr>
<tr><td colspan="8">清单项目综合单价</td><td colspan="5"></td></tr>
<tr><td rowspan="7">材料费明细</td><td colspan="3">主要材料名称、规格、型号</td><td colspan="2">单位</td><td colspan="2">数量</td><td>单价/元</td><td>合价/元</td><td>暂估单价/元</td><td colspan="2">暂估合价/元</td></tr>
<tr><td colspan="3"></td><td colspan="2"></td><td colspan="2"></td><td></td><td></td><td></td><td colspan="2"></td></tr>
<tr><td colspan="3"></td><td colspan="2"></td><td colspan="2"></td><td></td><td></td><td></td><td colspan="2"></td></tr>
<tr><td colspan="3"></td><td colspan="2"></td><td colspan="2"></td><td></td><td></td><td></td><td colspan="2"></td></tr>
<tr><td colspan="3"></td><td colspan="2"></td><td colspan="2"></td><td></td><td></td><td></td><td colspan="2"></td></tr>
<tr><td colspan="7">其他材料费</td><td></td><td></td><td></td><td colspan="2"></td></tr>
<tr><td colspan="7">材料费小计</td><td></td><td></td><td></td><td colspan="2"></td></tr>
</table>

6.3　工程量清单计价的计算

某建筑公司准备对某县城一幢住宅楼工程进行投标报价，经预算人员计算，该住宅楼房屋建筑与装饰工程的分部分项工程和单价措施项目费为500万元（其中：人工费100万元，机械费为50万）；总价措施费80万元（其中：人工费15万元，机械费为8万）；其他项目费（其中：暂列金额50万元，专业工程暂估价10万元，计日工2万元，总承包服务费0.6万元）。

相关资料如下：

规费项目的相关费率如：社会保障费费率18.00%；住房公积金7.00%；工程排污费费率0.21%；税率在市区为3.48%，在县城镇为3.41%，不在市区、县城或镇为3.28%。

问题：

1. 根据已知条件计算该住宅楼工程建筑与装饰工程的规费和税金，并将计算结果填入表6-44中。

2. 根据计算出的规费与税金及上述条件，计算该住宅楼工程的房屋建筑与装饰工程的单位工程造价，并将计算结果填入表6-45中（注：“暂列金额”、“专业工程暂估价”不计取任何费用计入合计）。

表6-44　规费及税金项目清单与计价表

序号	项　目　名　称	计算基数	费率（%）	计算式	金额/元
1	规费				
1.1	社会保障费	人工费			
1.2	住房公积金	人工费			
1.3	工程排污费	人工费			
2	税金				

表6-45　单位工程投标报价汇总表

序号	汇　总　内　容	金额/元	其中：暂估价/元
1	分部分项工程与单价措施项目费		—
2	总价措施项目费		—
3	其他项目		—
3.1	暂列金额		—
3.2	专业工程暂估价		—
3.3	计日工		—
3.4	总承包服务费		—
4	规费		—
4.1	社会保障费		
4.2	住房公积金		
4.3	工程排污费		
5	税金		
6	单位工程造价		

6.4　工程量清单计价计算思路

综合单价的计算计算思路：

1）数量 = 计价工程量/清单工程量

2）人工费 = 定额基价中的人工费 × 数量

3）材料费 = 定额基价中的材料费 × 数量

4）机械费 = 定额基价中的机械费 × 数量

5）管理费 = 规定的基数 × 管理费率

6）利润 = 规定的基数 × 利润率

7）综合单价 = 人工费 + 材料费 + 机械费 + 管理费 + 利润

实训项目7　综 合 实 训

7.1　综合实训任务书

1. 实训目的

通过房屋建筑与装饰工程工程量清单计价编制综合训练，提高学生正确贯彻执行国家建设工程相关法律、法规，正确应用现行的《建设工程工程量清单计价规范》（GB50500—2013）、《甘肃省建设工程工程量清单计价管理办法》、《甘肃省建设工程工程量清单计价规则》、《甘肃省建设工程费用定额》、建筑工程设计和施工规范、标准图集等的基本技能；提高学生运用所学的专业理论知识解决具体问题的能力；使学生熟练掌握房屋建筑与饰装工程工程量清单计价编制方法和技巧，培养学生编制房屋建筑与装饰工程工程量清单计价的专业技能。

2. 实训内容

编制房屋建筑与装饰工程的工程量清单计价文件，内容包括两部分：房屋建筑与装饰工程的工程量清单编制和工程量清单计价编制。

（1）工程量清单编制

1）计算清单工程量。

2）编制分部分项工程与单价措施项目清单。

3）编制总价措施项目清单。

4）编制其他项目清单。

5）编制规费和税金项目清单。

6）填写编制说明与封面。

（2）工程量清单计价

1）计算计价工程量。

2）计算综合单价。

3）计算分部分项工程与单价措施项目费。

4）计算总价措施项目费。

5）计算其他项目费。

6）计算规费与税金。

7）确定工程造价。

8）填写编制说明与封面。

7.2　综合实训指导

7.2.1　工程量清单编制

1. 工程量清单封面及总说明的编制

（1）工程量清单封面的编制

工程量清单封面按《建设工程工程量清单计价规范》（GB 50500—2013）规定的封面填写，招标人及法定代表人应盖章，造价咨询人应盖单位资质章及法人代表章，编制人应盖造价人员资质章并签字，复核人应盖注册造价师资格章并签字。

（2）工程量清单总说明的编制在编制工程量清单总说明时应包括以下内容：

1）工程概况。工程概况中要对建设规模、工程特征、计划工期、施工现场实际情况自然地理条件、环境保护要求等做出描述。其中建设规模是指建筑面积；工程特征应说明基础及结构类型、建筑层数、高度、门窗类型及各部位装饰、装修做法；计划工期是指按工期定额计算的施工天数；施工现场实际情况是指施工场地的地表状况；自然地理条件是指建筑场地所处地理位置的气候及交通运输条件；环境保护要求是针对施工噪声及材料运输可能对周围环境造成的影响和污染，提出的防护要求。

2）工程招标及分包范围。招标范围是指单位工程的招标范围，如建筑工程招标范围为“房屋建筑与装饰工程”等。工程分包是指特殊工程项目的分包，如招标人自行采购安装“铝合金门窗”等。

3）工程量清单编制依据。编制依据包括招标文件、建设工程工程量清单计价规范、施工设计图（包括配套的标准图集）文件、施工组织设计等。

4）工程质量、材料、施工等的特殊要求。工程质量的要求，是指招标人要求拟建工程的质量应达到合格或优良标准；对材料的要求，是指招标人根据工程的重要性、使用功能及装饰装修标准提出，诸如对水泥的品牌、钢材的生产厂家、大理石（花岗石）的出产地、品牌等的要求；施工要求，一般是指建设项目中对单项工程的施工顺序等的要求。

5）其他。工程中如果有部分材料由招标人自行采购，应将所采购材料的名称、规格型号、数量予以说明。应说明暂列金额及自行采购材料的金额及其他需要说明的事项。

2. 分部分项工程量清单的编制

（1）列示规范中所需项目

工程量清单编制人员在详细查阅图纸、熟悉项目的整体情况后，对于房屋建筑工程根据《房屋建筑与装饰工程工程量计算规范》（GB 50854—2013）进行列项，不需要进行修改，分部分项工程项目列项工作分别如下所示。

1）项目编码：分部分项工程量清单项目编码以五级编码设置，用12位阿拉伯数字表示，1～9位应按照《房屋建筑与装饰工程工程量计算规范》（GB 50854—2013）附录规定设置，10～12位应根据拟建工程的工程量清单项目名称设置，同一招标工程的项目编码不得有重码。

2）项目名称：分部分项工程量清单的项目名称应按《房屋建筑与装饰工程工程量计算规范》（GB 50854—2013）附录的项目名称结合拟建工程的实际确定。

编制工程量清单出现附录中未包括的项目，编制人应作补充，并报省级或行业工程造价管理机构备案，省级或行业工程造价管理机构应汇总报住房和城乡建设部标准定额研究所。补充项目的编码由附录的顺序码与B和三位阿拉伯数字组成，并应从×B001起顺序编制，不得重号。工程量清单中需附有补充项目的名称、项目特征、计量单位、工程量计算规则、工作内容。

3）项目特征描述：项目特征是对项目的准确描述，是确定一个清单项目综合单价不可缺少的重要依据，是区分清单项目的依据，是履行合同义务的基础。分部分项工程量清单特征描述应根据《房屋建筑与装饰工程工程量计算规范》（GB 50854—2013）附录中规定的项目特征并结合拟建工程的实际情况进行描述。具体可以分为必须描述的内容、可不描述的内容、可不详细描述的内容、规定多个计量单位的描述、规范没有要求但又必须描述的内容几类。

4）计量单位：除各专业另有规定外，计量单位应采用《房屋建筑与装饰工程工程量计算规范》（GB 50854—2013）附录中规定的计量单位。

（2）分部分项工程量计算

工程量主要通过工程量计算规则计算得到。工程量计算规则是指对清单项目工程量的计算规定。计量单位均为基本计量单位，不得使用扩大单位（如100m、10t），这一点与传统的定额计价模式有很大区别。以工程量清单计价的工程量计算规则与消耗量定额的工程量计算规则有着原则上的区别：工程量清单计价的计量原则是以实体安装就位的净尺寸计算，而消耗量定额的工程量计算是在净值的基础上，加上施工操作（或定额）规定的预留量，这个量随施工方法、措施的不同而变化。因此，清单项目的工程量计算应严格按照规范规定的工程量计算规则，不能同消耗量定额的工程量规则相混淆。

3. 措施项目清单的编制

（1）措施项目列项

措施项目清单应根据拟建工程的实际情况按照《房屋建筑与装饰工程工程量计算规范》（GB 50854—2013）进行列项。专业工程措施项目可按附录中规定的项目选择列项。若出现清单规范中未列的项目，可根据工程实际情况进行补充。项目清单的设置应按照以下要求：

1）参考拟建工程的施工组织设计，以确定环境保护、安全文明施工、材料的二次搬运等项目。

2）参阅施工技术方案，以确定夜间施工、大型机械设备进出场及安拆、混凝土模板与支架、脚手架、施工排水、施工降水、垂直运输机械等项目。

3）参阅相关的施工规范与工程验收规范，以确定施工技术方案没有表述的，但是为了实现施工规范与工程验收规范要求而必须发生的技术措施。

（2）措施项目工程量的计算

措施项目清单必须根据相关工程现行国家计量规范的规定编制，而且措施项目清单应根据拟建工程的实际情况列项。

施工组织设计编制的最终目的是计算措施工程量，工程量清单编制人员通过查配套施工手册，结合项目的特点以及定额中的有关规定，计算措施项目的工程量即可。

方案确定后，结合施工手册及项目特点计算措施项目工程量。施工组织设计中要将使用的材料、材料的规格、使用的材料的量都写出来，然后根据这些计算措施项目的工程量。

4. 其他项目清单的编制

其他项目清单应按照暂列金额、暂估价、计日工和总承包服务费进行列项。

（1）暂列金额

暂列金额一般可以按分部分项工程量清单的10%～15%，不同专业预留的暂列金额应可以分开列项，比例也可以根据不同专业的情况具体确定。

暂列金额由招标人填写，列出项目名称、计量单位、暂定金额等，如不能详列，也可只列暂定金额总额，投标人再将暂列金额计入投标总价中。

（2）暂估价

暂估价是指招标阶段直至签订合同协议时，招标人在招标文件中提供的用于支付必然要发生但暂时不能确定价格的材料以及专业工程的金额，包括材料暂估价、专业工程暂估价；一般而言，为方便合同管理和计价，需要纳入分部分项工程量清单项目综合单价中的暂估价最好只是材料费，以方便投标人组价。

以总价计价的专业工程暂估价一般应是综合暂估价，应当包括除规费、税金以外的管理费、利润等。

（3）计日工

编制计日工表时，一定要给出暂定数量，并且需要根据经验，尽可能估算一个比较贴近实际的数量。当然，尽可能把项目列全，防患于未然，也是值得充分重视的工作。

（4）总承包服务费

总承包服务费是为了解决招标人在法律、法规允许的条件下进行专业工程发包以及自行采购供应材料、设备时，要求总承包人对发包的专业工程提供协调和配合服务（如分包人使用总包人的脚手架、水电接驳等）；对供应的材料、设备提供收发和保管服务以及对施工现场进行统一管理；对竣工资料进行统一汇总整理等发生并向总承包人支付的费用。招标人应当按投标人的投标报价向投标人支付该项费用。

5. 规费、税金项目清单的编制

规费项目清单应按照下列内容列项：社会保险费（包括养老保险费、失业保险金、医疗保险费工伤保险费、生育保险费）、住房公积金、工程排污费。出现未包含在上述规范中的项目，应根据省级政府或省级有关权力部门的规定列项。

税金项目清单应包括以下内容：营业税、城市维护建设税、教育费附加、地方教育附加。如国家税法发生变化，税务部门依据职权增加了税种，应对税金项目清单进行补充。

计算基础和费率均应按照国家或地方相关权力部门的规定进行填写。

7.2.2　工程量清单计价编制

工程量清单计价应包括招标文件规定的完成工程量清单所列项目的全部费用，包括分部分项工程费、措施项目费、其他项目费、规费和税金。

1. 综合单价的计算方法

综合单价的计算一般应按下列顺序进行：

（1）确定工程内容。根据工程量清单项目和拟建工程的实际，或参照“分部分项工程量清单项目设置及其消耗量定额”表中的“工作内容”，确定该清单项目的主体及其相关工作内容，并选用相应定额。

（2）计算计价工程量。按现行房屋建筑与装饰工程工程量计算规则的规定，分别计算工程量清单项目所包含的每项工程内容的计价工程量。

（3）计算单位含量。分别计算工程量清单项目的每计量单位应包含的各项工程内容的工程量。

计算单位含量 = 计算的各项工程内容的工程量 ÷ 相应清单项目的工程量

（4）选择定额。根据确定的工作内容，参照“分部分项工程量清单项目设置及其消耗量定额”表中定额名称及其编号，分别选定定额，确定人工、材料、机械台班消耗量。

（5）选择单价。应根据建设工程工程量清单计价规则规定的费用组成，参照其技术方法，或参照工程造价管理机构发布的人工、材料、机械台班信息价格，确定相应单价。

（6）计算“工作内容”的人、材、机价款。计算清单项目每计量单位所含某项工程内容的人工、材料、机械台班价款。

工程内容的人、材、机价款 = Σ[人、材、机消耗量 × 人、材、机单价] × 计算单位含量

（7）计算工程量清单项目人、材、机价款。计算工程量清单项目每计量单位人工、材料、机械台班价款。

工程量清单项目人、材、机价款 = 工程内容的人、材、机价款之和。

（8）选定费率。应根据建设工程工程量清单计价规则规定的费用项目组成，参照其计算方法，或参照工程造价主管部门发布的相关费率，结合本企业和市场的情况，确定管理费率、利润率。

（9）计算综合单价。分部分项工程量清单、可计算工程量的措施项目清单应采用综合单价计价，并按表 7-1 程序计算。

表 7-1　综合单价计算程序

序号	项目名称	计算办法
1	人工费	Σ（人工消耗量 × 人工单价）
2	材料费	Σ（材料消耗量 × 材料单价）
3	施工机械使用费	Σ（施工机械台班消耗量 × 机械台班单价）
4	企业管理费	规定的取费基数 × 企业管理费费率
5	利润	规定的取费基数 × 利润率
6	综合单价	1 + 2 + 3 + 4 + 5

2. 分部分项工程费的计算

（1）分部分项工程与单价措施项目清单与计价表的项目编码、项目名称、项目特征、计量单位、工程量必须按分部分项工程量清单的相应内容填写，不得增加或减少、不得修改。

（2）分部分项工程量清单报价，其核心是综合单价的确定。

分部分项工程费 = 清单项目工程量 × 相应项目综合单价

3. 措施项目费的计算

计量规范将措施项目划分为两类：一类是不能计算工程量的项目，如文明施工和安全防护、临时设施等，就以“项”计价，称为“总价措施项目”；另一类是可以计算工程量的项目，如脚手架、降水等，就以“量”计价，更有利于措施费的确定和调整，称为“单价措施项目”。

措施项目清单与计价表中的序号、项目编码、项目名称、项目特征、计量单位和工程量应按措施项目清单的相应内容填写，不得减少或修改。但投标人可根据拟建工程的施工组织设计，增加其不足的措施项目并报价。

措施项目清单与计价表中的金额，建设工程工程量清单计价规则提供了两种计算规则。

（1）当以分部分项工程量清单的方式采用综合单价计价时，计算方法分部分项工程项目综合单价的确定方法。

单价措施项目费 = 措施项目人工费 + 材料费 + 机械费 + （规定的取费基数） × （1 + 管理费率 + 利润率）

（2）总价措施项目费：即不可计算工程量的措施项目费计算程序。

1）不可计算工程量措施项目计价，可按表7-2程序计算。

表7-2　不可计算工程量措施项目费计算程序

序号	项目名称	计算办法
1	措施项目直接费	规定的取费基数 × 措施项目费费率
2	企业管理费	规定的取费基数 × 企业管理费费率
3	利润	规定的取费基数 × 利润率
4	合计	1 + 2 + 3

2）表中第三列中的“规定的取费基数”是指分部分项工程和单价措施项目清单与计价表中人工费与机械费之和或直接工程费中的人工费。

3）总价措施项目清单计价方法。具体以房屋建筑与装饰装修工程为例：

总价措施费：$(B1 + B3)$ × 措施费率 + $(B1 + B3)$ × 措施费率 ×（管理费率 + 利润率）

$B1$——分部分项工程费和单价措施项目费中的人工费

$B3$——分部分项工程费和单价措施项目费中的机械费

4. 其他项目费的计算

其他项目清单计价应根据以下原则和《甘肃省建设工程工程量清单计价规则》有关规定，结合拟建工程特点计算。

（1）暂列金额

暂列金额明细表由招标人填写，投标人应将暂列金额的合计金额计入投标总价中。

（2）暂估价

材料暂估单价表和专业工程暂估价表均由招标人填写。投标人应将材料暂估单价计入综合单价报价中。将专业工程暂估价计入投标总价中。材料暂估价和专业工程暂估价最终的确认价格按以下方法确定：

1）发包人在工程量清单中提供了暂估价的材料和专业工程属于依法必须招标的，由承包人和发包人共同通过招标确定材料单价与专业工程分包价。

2）若材料不属于依法必须招标的，经发、承包双方协商确认单价后计价。

3）若专业工程不属于依法必须招标的，由发、承包双方与分包人按有关计价依据进行计价。

（3）计日工

计日工表中的序号、名称、计量单位、数量应按招标人在其他项目清单中列出的相应内容填写，不得增加或减少、不得修改。计日工表的综合单价，投标人应在招标人预测名称及预估相应数量的基础上，考虑零星工作特点进行确定，并计入投标总价中。工程竣工时，按实际发生数量进行结算。

（4）总承包服务费

总承包服务费计价表由投标人根据提供的服务所需的费用填写（包括除规费、税金以外的全部费用）。

1）招标人仅要求对分包的专业工程进行总承包管理和协调时，总承包服务费按分包专业工程估算造价的1% ~3%计算。

2）招标人要求对分包的专业工程进行总承包管理和协调，并同时要求提供配合服务时，总承包服务费按分包专业工程估算造价的4% ~6%计算。

3）招标人自行采购材料、设备的，按各省相关规定另行计算采购保管费分成。

5. 规费的计算

规费的计算公式为：规费 = 计算基数 × 对应的费率

1）社会保障费：包括养老保险费、失业保险费、医疗保险费、工伤保险费、生育保险费。计算基数为定额人工费。

2）住房公积金：计算基数为定额人工费。

3）工程排污费：按工程所在地环境保护部门收取标准，按实计入。

6. 税金的计算

税金的计算公式为：

税金 =（分部分项清单项目费 + 措施项目费 + 其它项目费 + 规费 − 按规定不计税的工程设备金额）× 税率

7.3 综合实训练习图纸

一、建筑设计总说明

1. 建筑室内标高 ±0.000。

2. 本施工图所注尺寸，所有标高以米为单位，其余均以毫米为单位。

3. 楼地面：

（1）地面做法参见 98ZJ001 地 19。

（2）楼地面做法参见98ZJ001 楼10。

4. 外墙面：外墙面做法按98ZJ001 外墙22。

5. 内墙装修：房间内墙详98ZJ001 内墙4。

6. 顶棚装修：做法详见98ZJ001 顶3。

7. 屋面：屋面做法详98ZJ001 屋11。

8. 散水

（1）20mm 厚1∶1 水泥砂浆抹面压光

（2）60mm 厚C15 混凝土。

（3）60mm 厚3∶7 灰土垫层。

（4）素土夯实，向外坡4%。

9. 踢脚：陶瓷地砖踢脚150mm 高。

10. 楼梯间：钢管扶手型钢栏杆，扶手距踏步边50mm。

二、结构设计总说明

1. 设计原则和标准

（1）结构的设计使用年限：50 年。

（2）建筑结构的安全等级：二级。

（3）建筑类别及设防标准：丙类；抗震等级：框架，四级。

2. 基础

（1）土壤类别为二类土。

（2）C20 独立柱基，C25 钢筋混凝土基础梁。

3. 上部结构：现浇钢筋混凝土框架结构，梁、板、柱混凝土标号均为C25。

4. 材料及结构说明

（1）受力钢筋的混凝土保护层：基础40mm，±0.000 以上板15mm，梁25mm，柱30mm。

（2）所有板底受力筋长度为梁中心线长度+100mm（图上未注明的钢筋均为Φ6@200）。

（3）沿框架柱高每隔500mm 设2Φ6 拉筋，伸入墙内的长度为1000mm。

（4）屋面板为配置钢筋的表面均设置Φ6@200 双向温度筋，与板负钢筋的搭接长度150mm。

（5）±0.000 以上砌体砖隔墙均用M5 混合砂浆砌筑，除阳台、女儿墙采用MU10 标准砖外，其余均采用MU10 烧结多孔砖。

（6）过梁：门窗洞口均设有钢筋混凝土过梁，按墙宽×200×（洞口宽+500），配4Φ12 纵筋，Φ6@200 箍筋。

图 集 附 图

图集编号	编号	名　　称	用料做法
98ZJ001 地19	地19	陶瓷地 砖地面	1. 10mm 厚陶瓷地砖（600×600）铺实拍平，水泥浆擦缝 2. 25mm 厚1∶4 干硬性水泥砂浆，面上撒素水泥 3. 100mm 厚C10 混凝土 4. 素土夯实

（续）

图集编号	编号	名　称	用料做法
98ZJ001 地 19	楼 10	陶瓷地砖楼面	1. 10mm 厚陶瓷地砖（600×600）铺实拍平，水泥浆擦缝 2. 25mm 厚 1∶4 干硬性水泥砂浆，面上撒素水泥 3. 钢筋混凝土楼板
98ZJ001 内墙 4	内墙 4	混合砂浆墙面	1. 15mm 厚 1∶1∶6 水泥石灰砂浆 2. 5mm 厚 1∶0.5∶3 水泥石灰砂浆 3. 喷或滚刷涂料二遍
98ZJ001 外墙 22	外墙 22	涂料外墙面	1. 12mm 厚 1∶3 水泥砂浆 2. 8mm 厚 1∶2 水泥砂浆找平 3. 喷或滚刷涂料二遍
98ZJ001 顶 3	顶 3	混合砂浆顶棚	1. 钢筋混凝土底面清理干净 2. 7mm 厚 1∶1∶4 水泥石灰砂浆 3. 5mm 厚 1∶0.5∶3 水泥石灰砂浆 4. 表面喷刷涂料另选

门 窗 表

门窗编号	门窗类型	洞口尺寸		数　量	备　注
		宽	高		
M-1	铝合金地弹门	2400	2700	1	46 系列（2.0mm 厚）
M-2	镶板门	900	2400	4	
M-3	镶板门	900	2100	2	
MC-1	塑钢门联窗	2400	2700	1	窗台高 900mm，80 系列，5mm 厚白玻
C-1	铝合金窗	1500	1800	8	窗台高 900mm，96 系列带纱推拉窗
C-2	铝合金窗	1800	1800	2	窗台高 900mm，96 系列带纱推拉窗

柱　　表

标号	标高/m	b×h	b1	b2	h1	h2	全部纵筋	角筋	b 边一侧中部筋	h 边一侧中部筋	箍筋类型号	箍筋
Z1	−0.8～3.6	500×500	250	250	250	250		4⏀25	3⏀22	3⏀22	(1) 5×5	ϕ10－100/200
	3.6～7.2	500×500	250	250	250	250		4⏀25	3⏀22	3⏀22	(1) 5×5	ϕ10－100/200
Z2	−0.8～3.6	400×500	200	200	250	250		4⏀25	2⏀22	3⏀22	(2) 4×5	ϕ10－100/200
	3.6～7.2	400×500	200	200	250	250		4⏀22	2⏀22	3⏀22	(2) 4×5	ϕ10－100/200
Z3	−0.8－3.6	400×400	200	200	200	200		4⏀22	2⏀22	2⏀22	(2) 4×4	ϕ8－100/200
	3.6－7.2	400×400	200	200	200	200		4⏀22	2⏀22	2⏀22	(2) 4×4	ϕ8－100/200

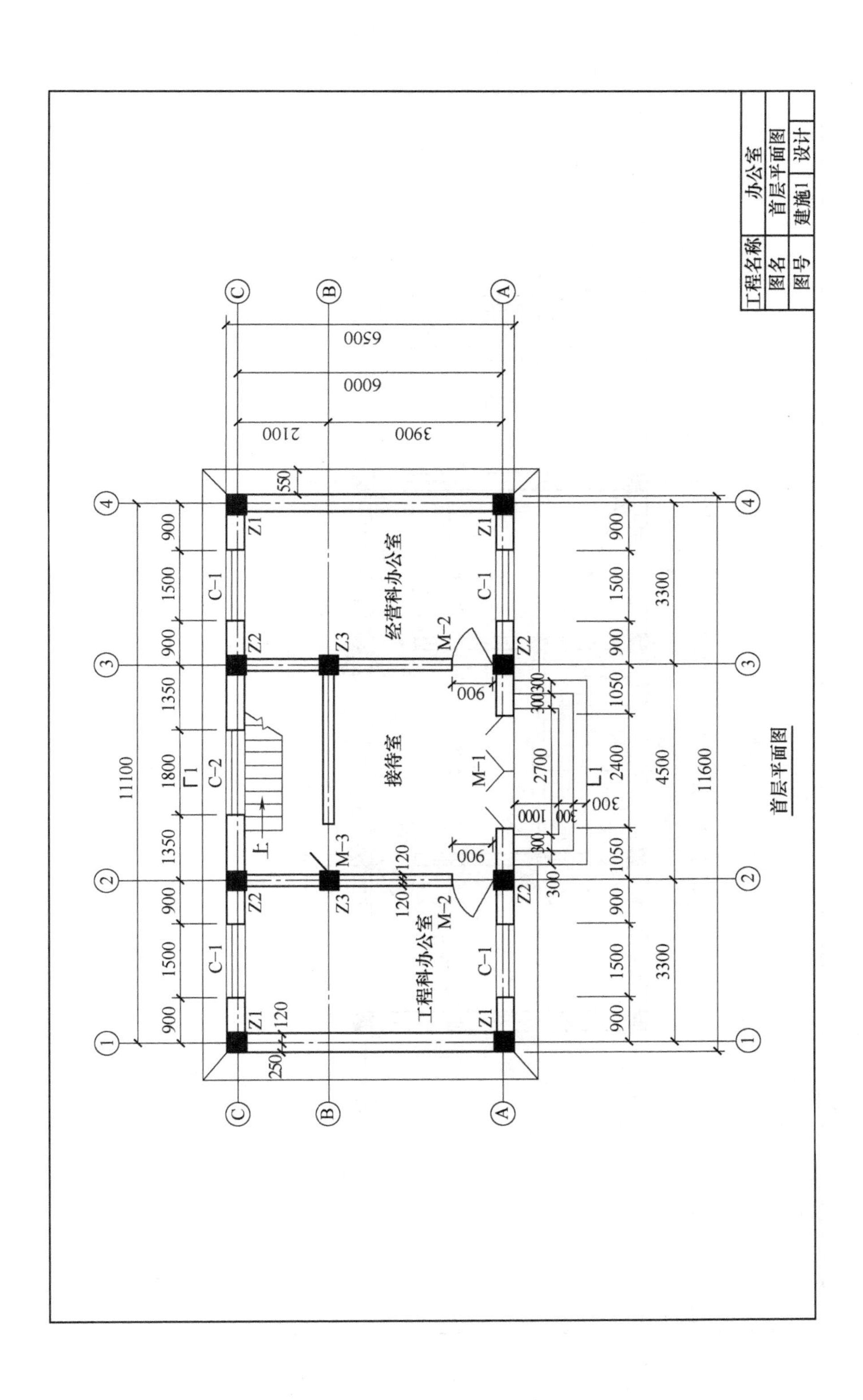
工程名称 办公室
图名 首层平面图
图号 建施1 设计
经营科办公室
接待室
工程科办公室
首层平面图

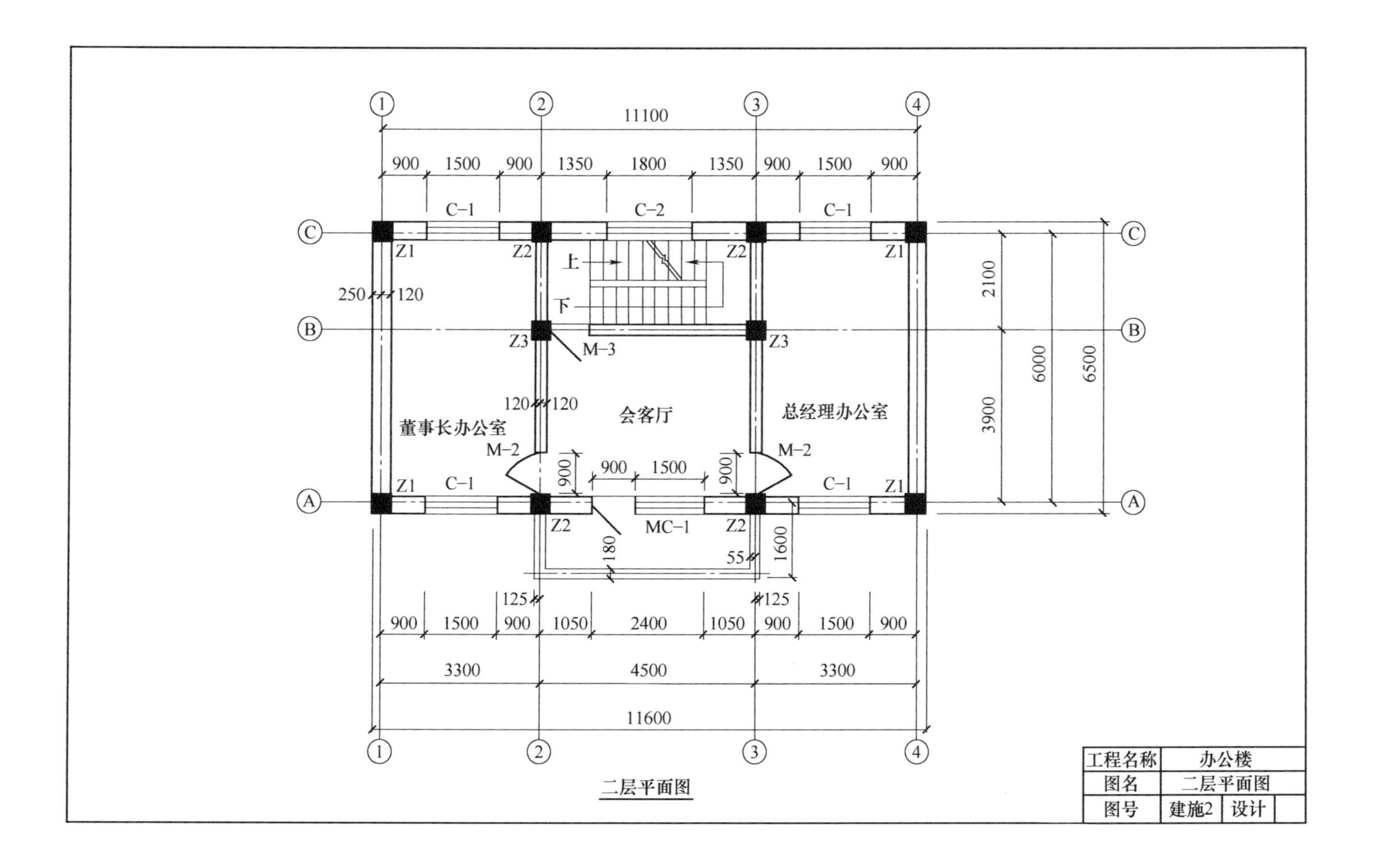
11100
900 1500 900 1350 1800 1350 900 1500 900
C-1
C-2
C-1
Z1
Z2
Z3
上
下
250
120
M-3
120
120
董事长办公室
会客厅
总经理办公室
M-2
900
1500
MC-1
180
55
1600
125
900 1500 900 1050 2400 1050 900 1500 900
3300 4500 3300
11600
2100
3900
6000
6500
二层平面图
工程名称 办公楼
图名 二层平面图
图号 建施2 设计

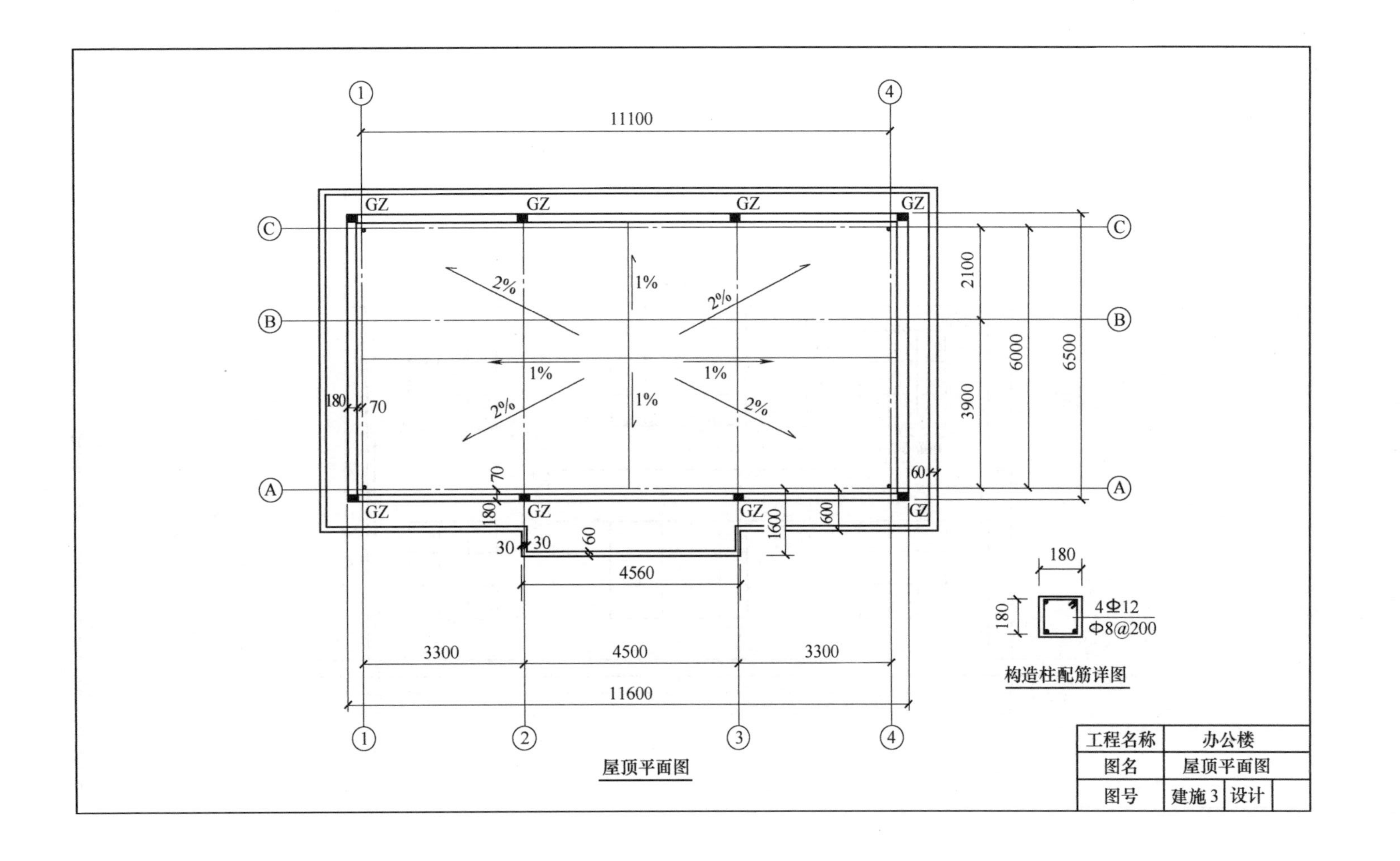
11100
GZ
2%
1%
180
70
60
600
1600
30
4560
2100
3900
6000
6500
3300
4500
3300
11600
180
4Φ12
Φ8@200
构造柱配筋详图
屋顶平面图
工程名称
办公楼
图名
屋顶平面图
图号
建施3
设计

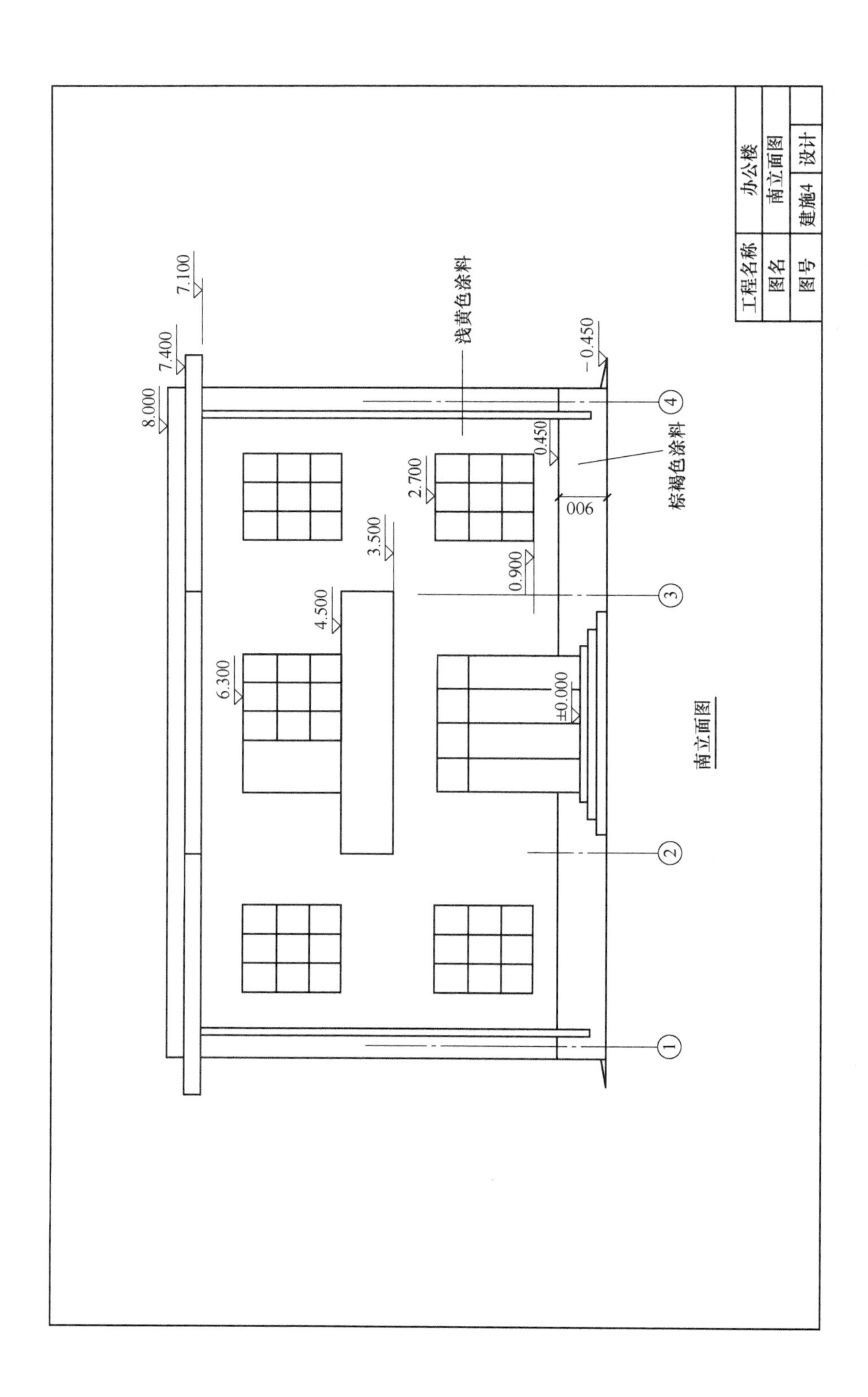
工程名称
办公楼
图名
南立面图
图号
建施4
设计
浅黄色涂料
棕褐色涂料
7.100
7.400
8.000
-0.450
0.450
2.700
3.500
0.900
4.500
6.300
±0.000
900
南立面图

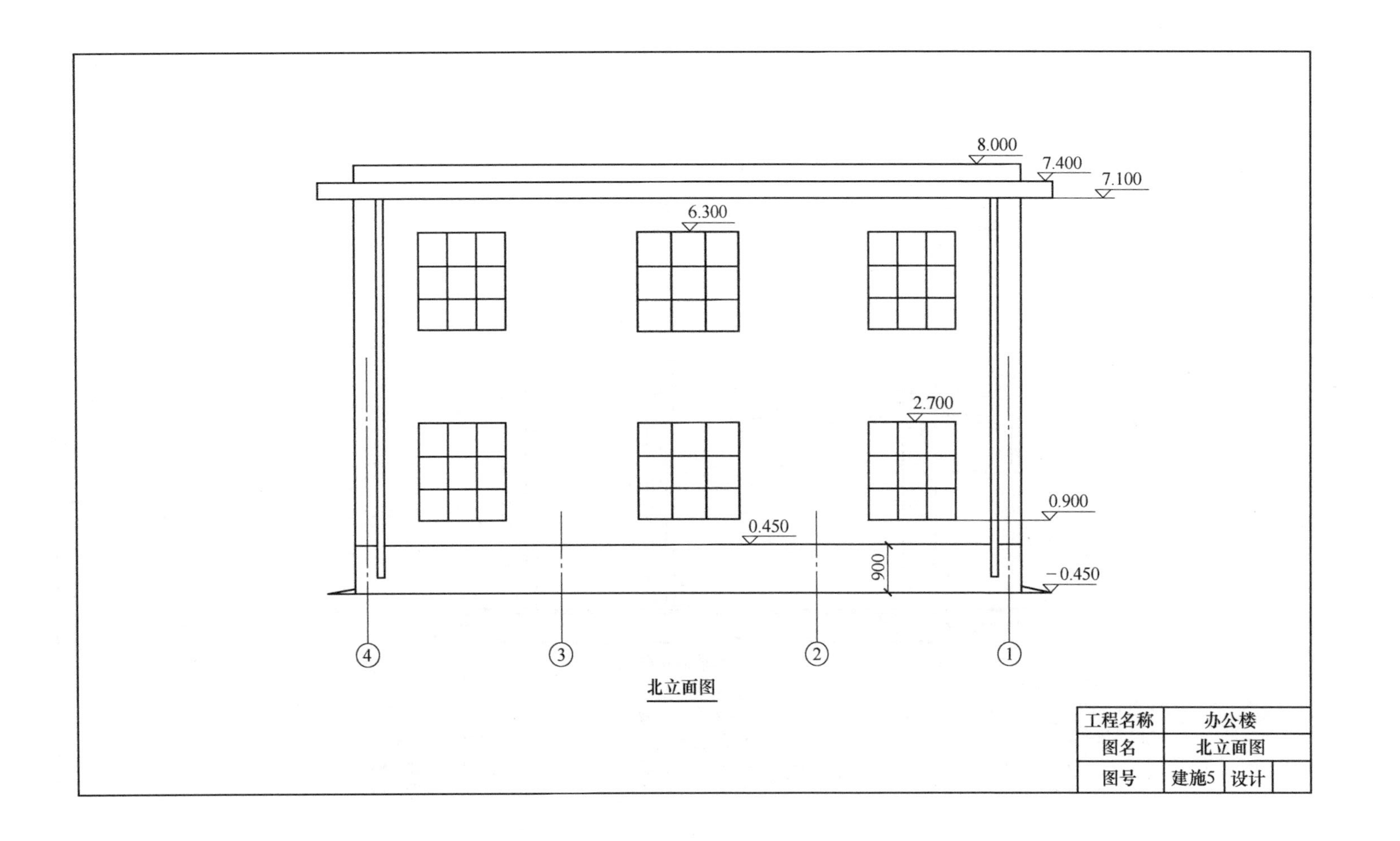
8.000
7.400
7.100
6.300
2.700
0.900
0.450
900
−0.450
4
3
2
1
北立面图
工程名称
办公楼
图名
北立面图
图号
建施5
设计

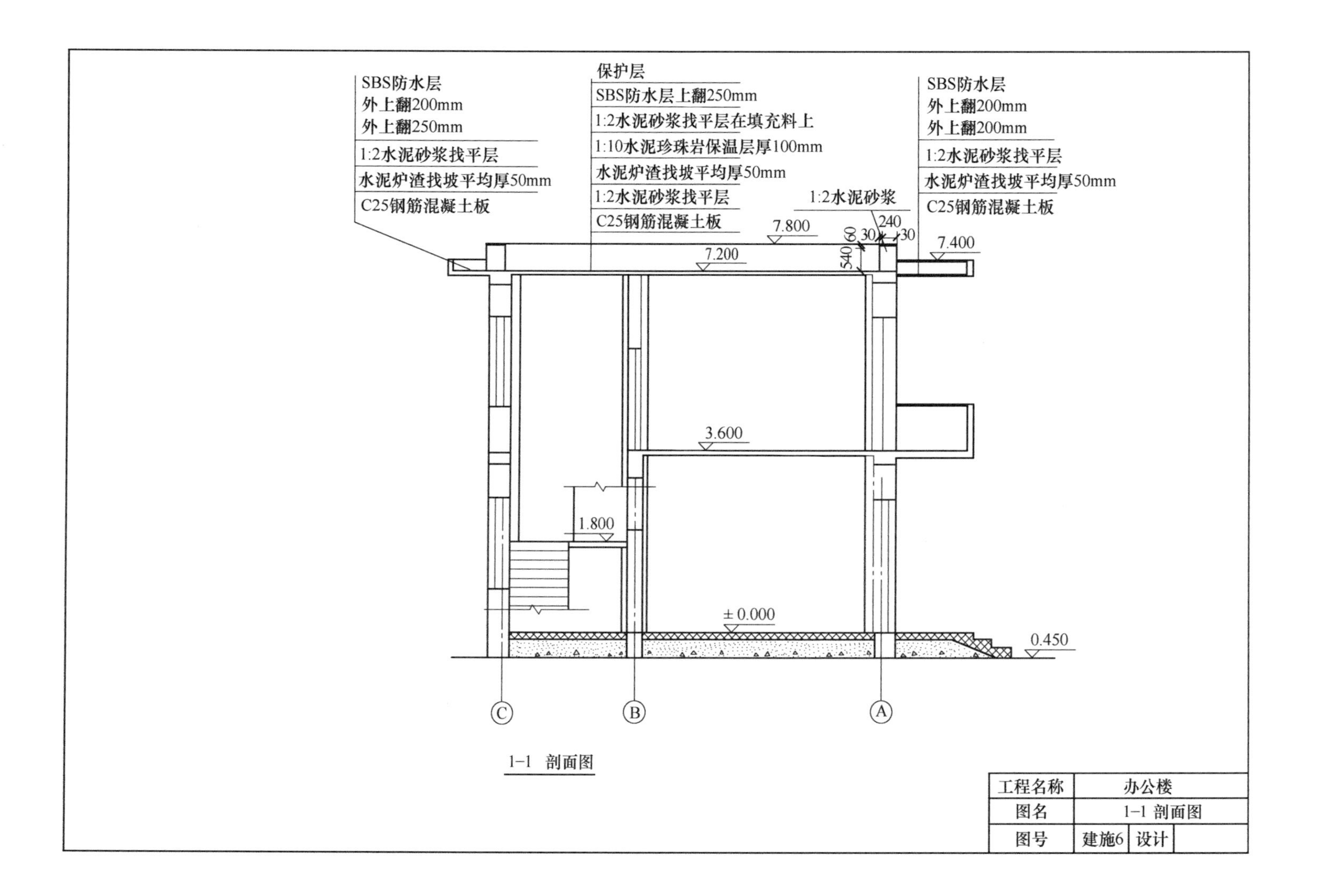
SBS防水层
外上翻200mm
外上翻250mm
1:2水泥砂浆找平层
水泥炉渣找坡平均厚50mm
C25钢筋混凝土板
保护层
SBS防水层上翻250mm
1:2水泥砂浆找平层在填充料上
1:10水泥珍珠岩保温层厚100mm
水泥炉渣找坡平均厚50mm
1:2水泥砂浆找平层
C25钢筋混凝土板
SBS防水层
外上翻200mm
外上翻200mm
1:2水泥砂浆找平层
水泥炉渣找坡平均厚50mm
C25钢筋混凝土板
1:2水泥砂浆
7.800
240
60
30
30
540
7.400
7.200
3.600
1.800
±0.000
0.450
C
B
A
工程名称
办公楼
图名
1-1 剖面图
图号
建施6
设计

1-1 剖面图

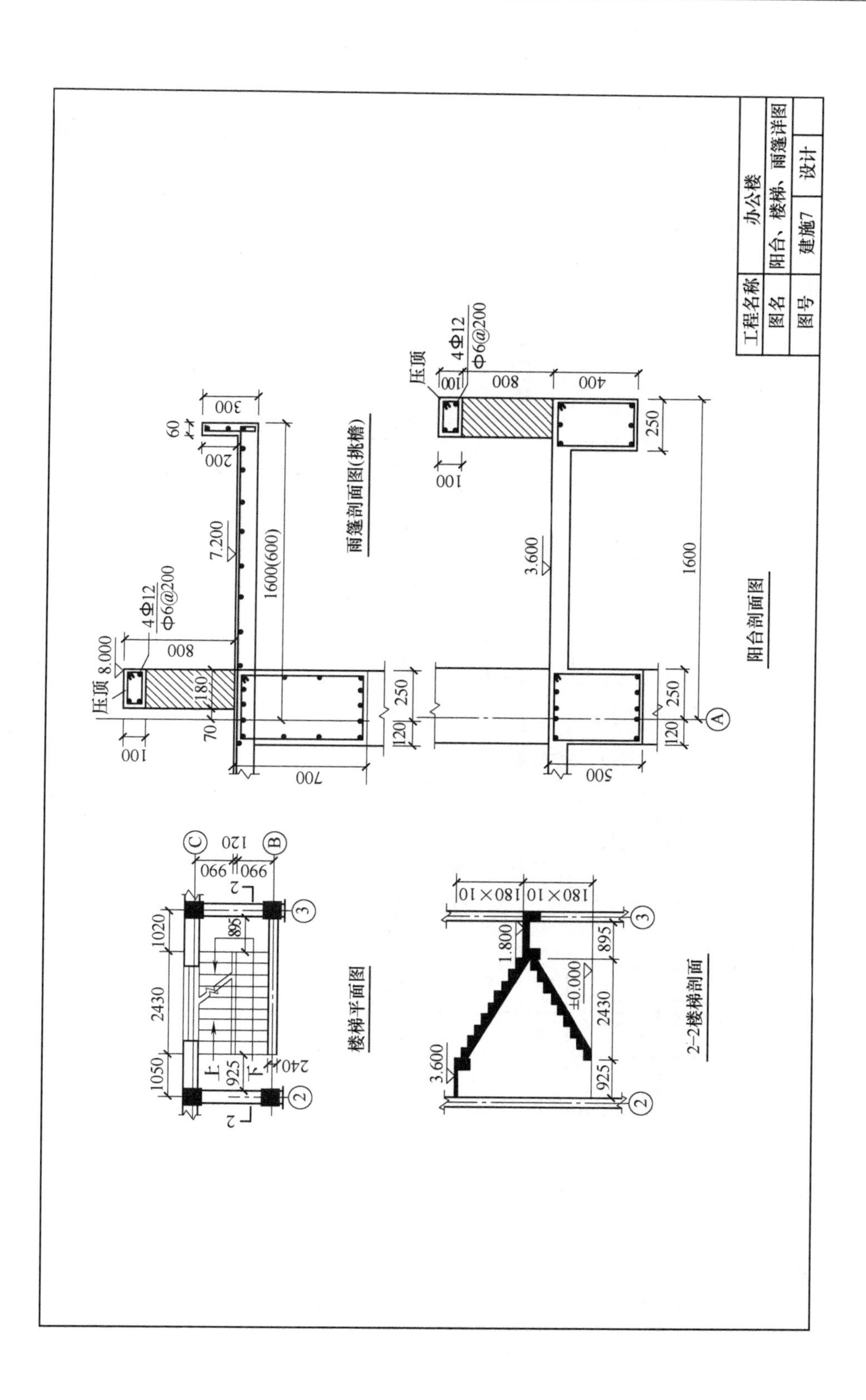
工程名称
办公楼
图名
阳台、楼梯、雨篷详图
图号
建施7
设计
雨篷剖面图(挑檐)
阳台剖面图
楼梯平面图
2-2楼梯剖面
压顶

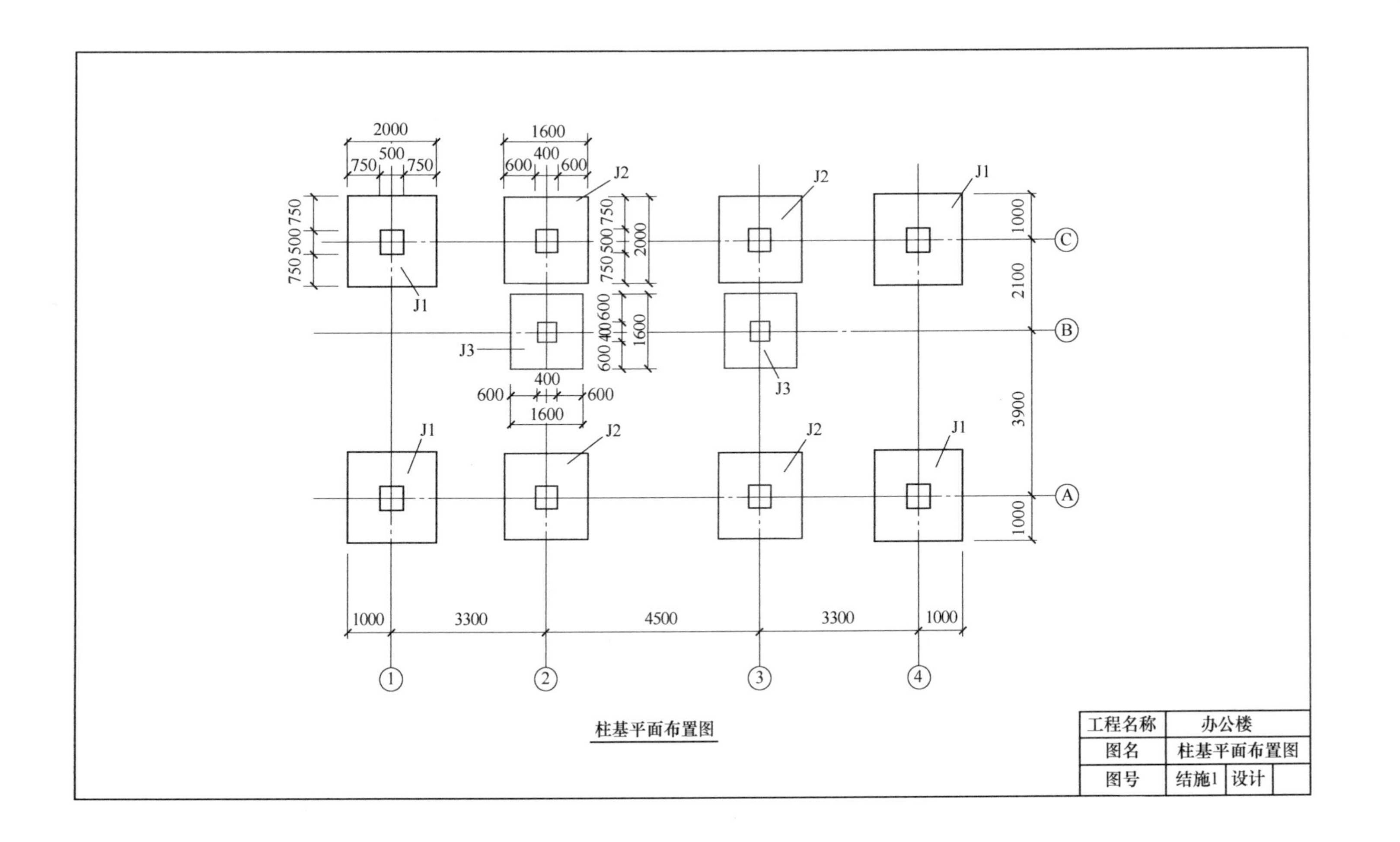

2000
750
500
750
1600
600
400
600
J1
J2
J3
1000
2100
3900
1000
3300
4500
3300
1000
A
B
C
1
2
3
4
柱基平面布置图
工程名称
办公楼
图名
柱基平面布置图
图号
结施1
设计

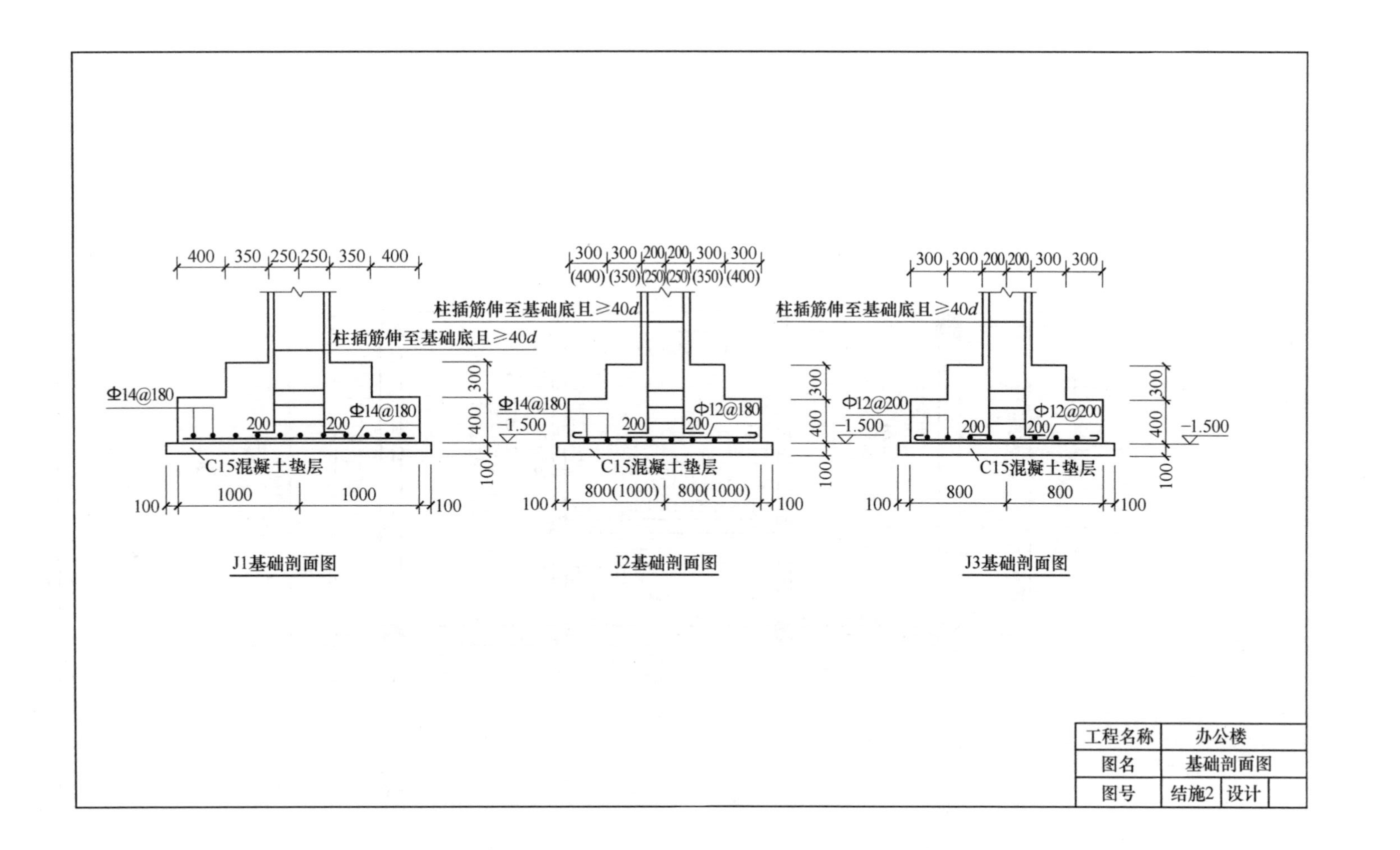
400 350 250 250 350 400
柱插筋伸至基础底且≥40d
Φ14@180
Φ14@180
200
200
C15混凝土垫层
100 1000 1000 100
J1基础剖面图
300 300 200 200 300 300
(400) (350) (250) (250) (350) (400)
柱插筋伸至基础底且≥40d
Φ14@180
−1.500
Φ12@180
200
200
300
400
100
C15混凝土垫层
100 800(1000) 800(1000) 100
J2基础剖面图
300 300 200 200 300 300
柱插筋伸至基础底且≥40d
Φ12@200
−1.500
Φ12@200
200
200
300
400
100
C15混凝土垫层
100 800 800 100
J3基础剖面图
300
400
100
−1.500
工程名称
办公楼
图名
基础剖面图
图号
结施2
设计

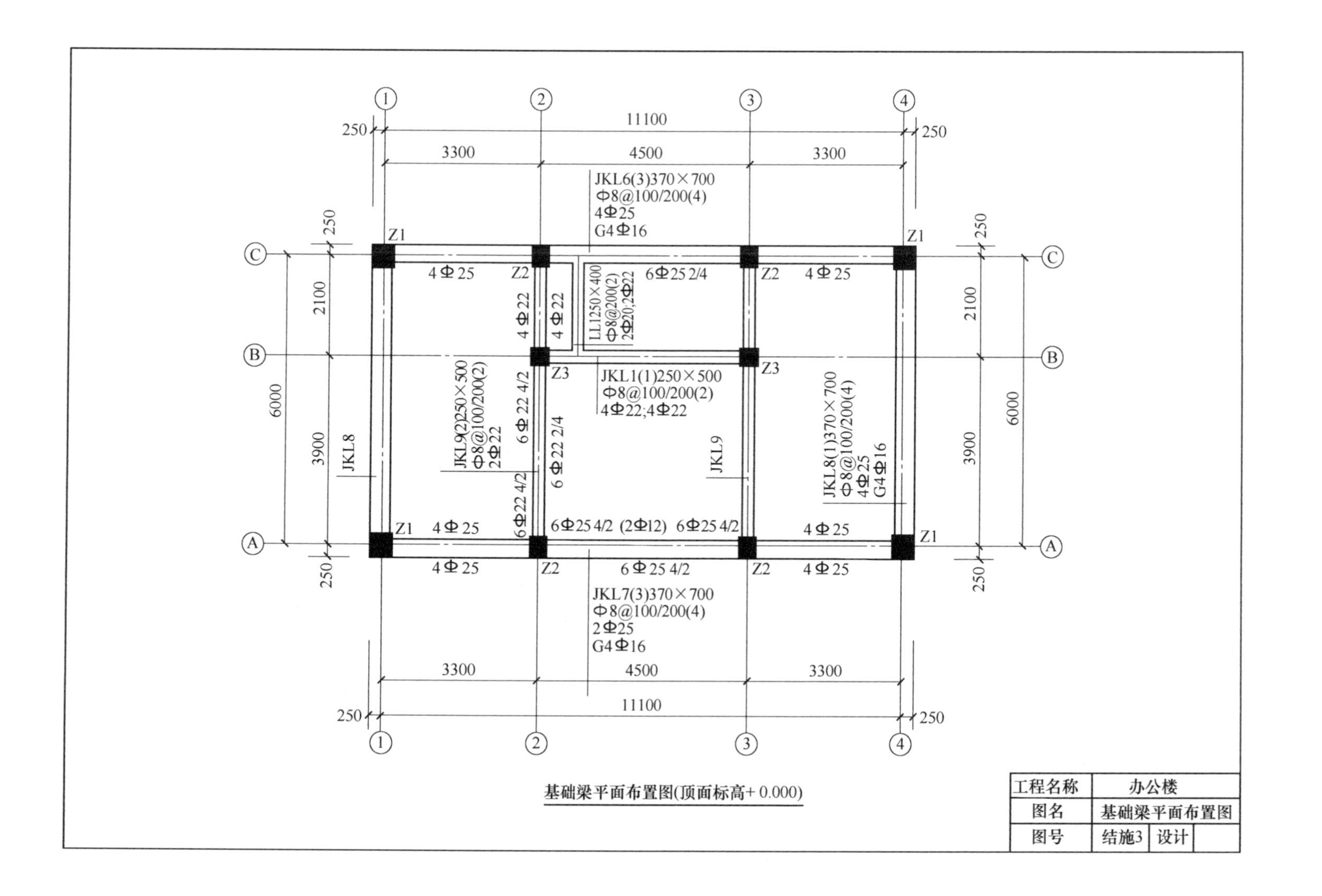

基础梁平面布置图(顶面标高+0.000)

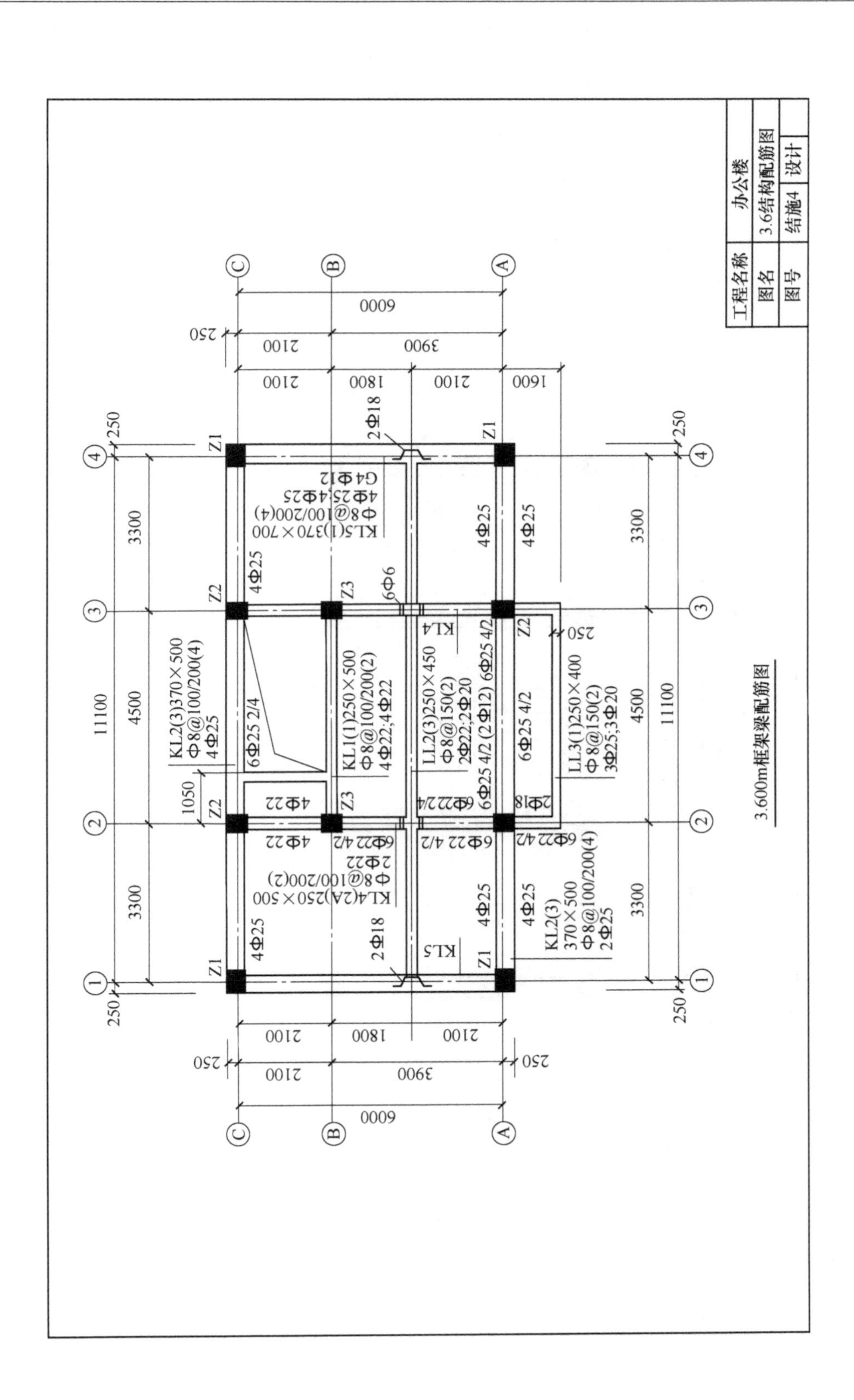
工程名称
办公楼
图名
3.6结构配筋图
图号
结施4
设计
KL5(1)370×700
Φ8@100/200(4)
4Φ25;4Φ25
G4Φ12
KL2(3)370×500
Φ8@100/200(4)
4Φ25
KL1(1)250×500
Φ8@100/200(2)
4Φ22;4Φ22
LL2(3)250×450
Φ8@150(2)
2Φ22;2Φ20
LL3(1)250×400
Φ8@150(2)
3Φ25;3Φ20
KL4(2A)250×500
Φ8@100/200(2)
2Φ22
KL2(3)
370×500
Φ8@100/200(4)
2Φ25
Z1
Z2
Z3
11100
4500
3300
6000
3900
2100
1800
1600
1050
250
3.600m框架梁配筋图

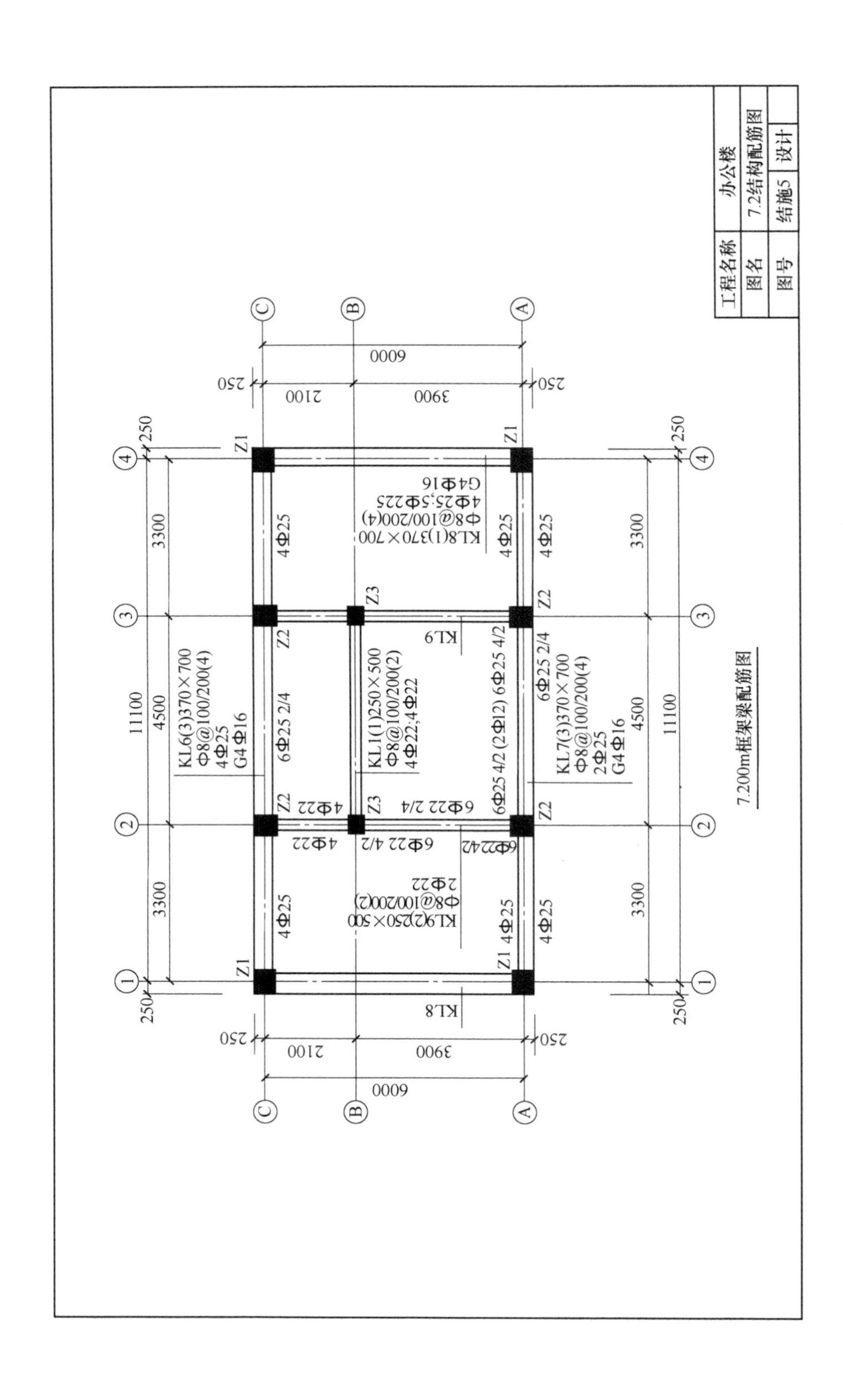

7.200m框架梁配筋图

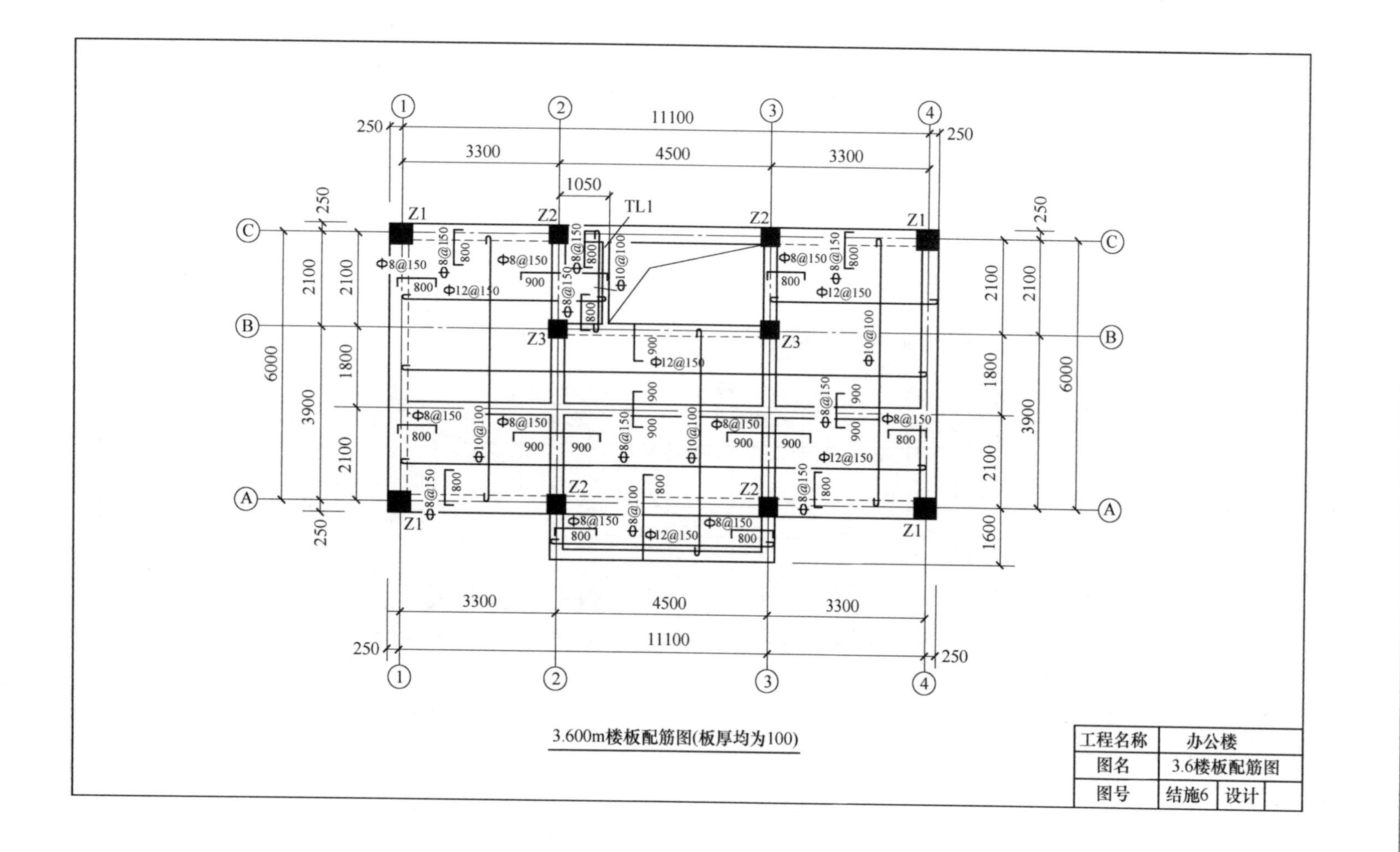

3.600m楼板配筋图(板厚均为100)

工程名称	办公楼	
图名	3.6楼板配筋图	
图号	结施6	设计

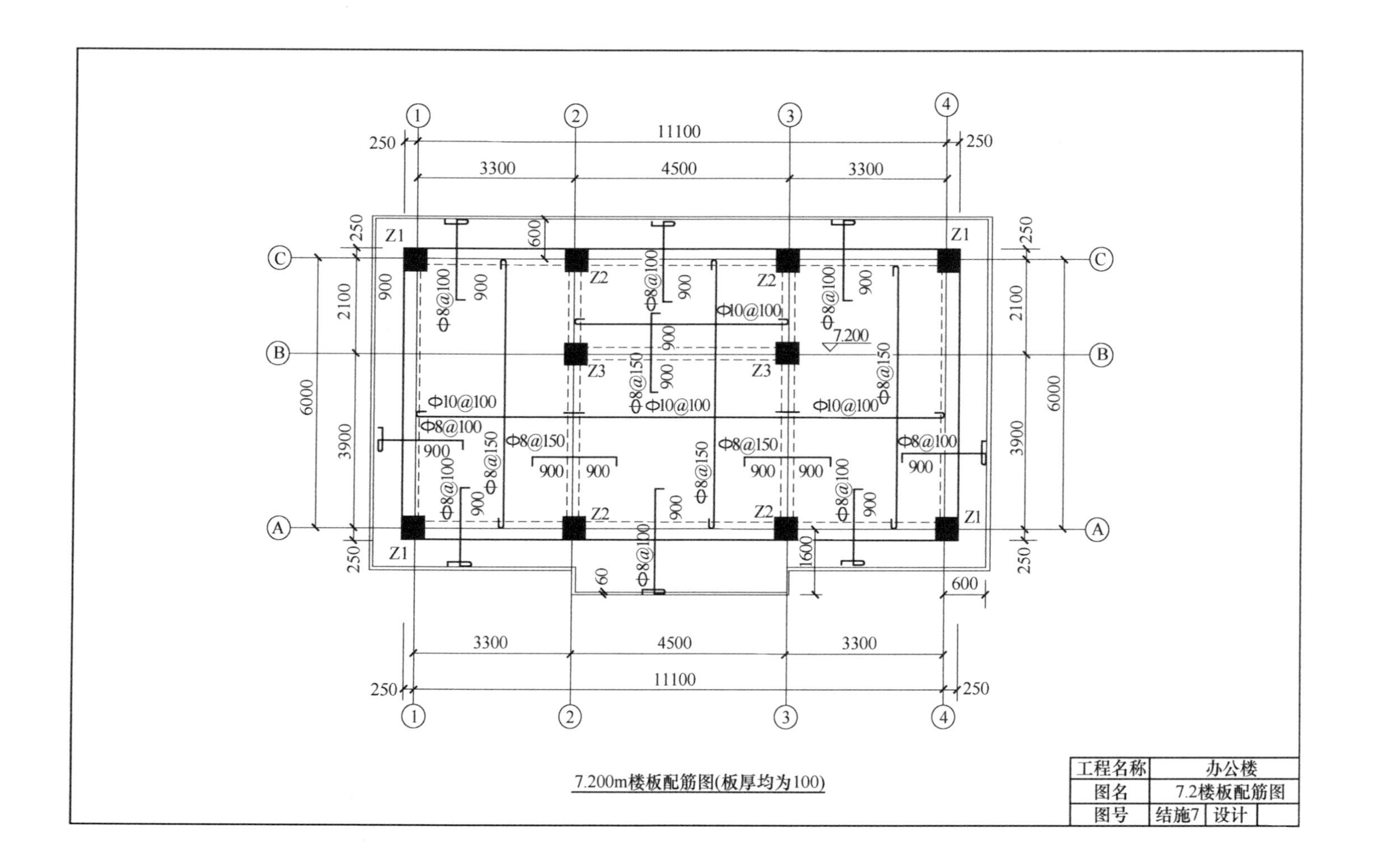

7.200m楼板配筋图(板厚均为100)

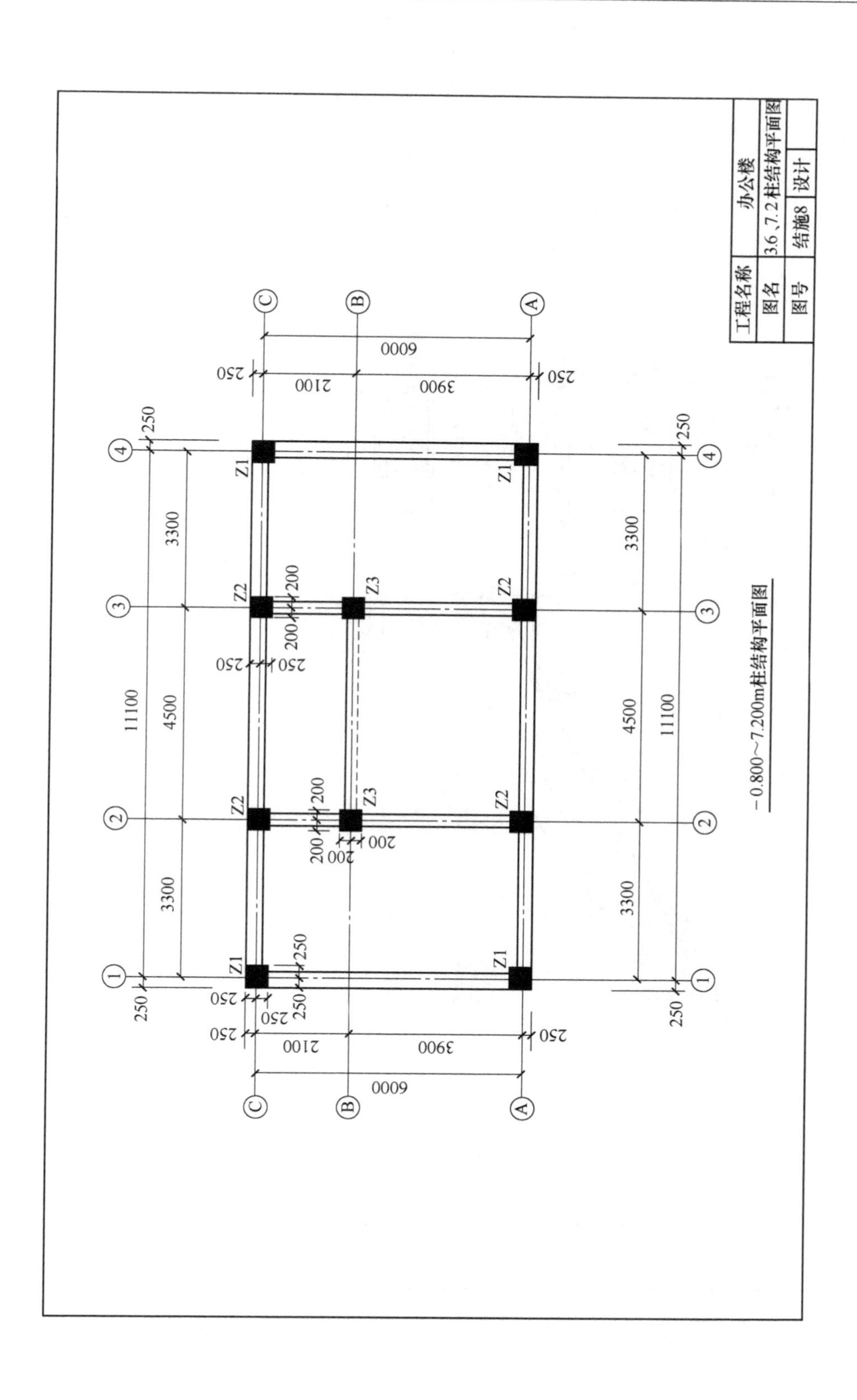
工程名称
办公楼
图名
3.6、7.2柱结构平面图
图号
结施8
设计
Z1
Z2
Z3
6000
2100
3900
250
200
3300
4500
11100
A
B
C
1
2
3
4
−0.800～7.200m柱结构平面图

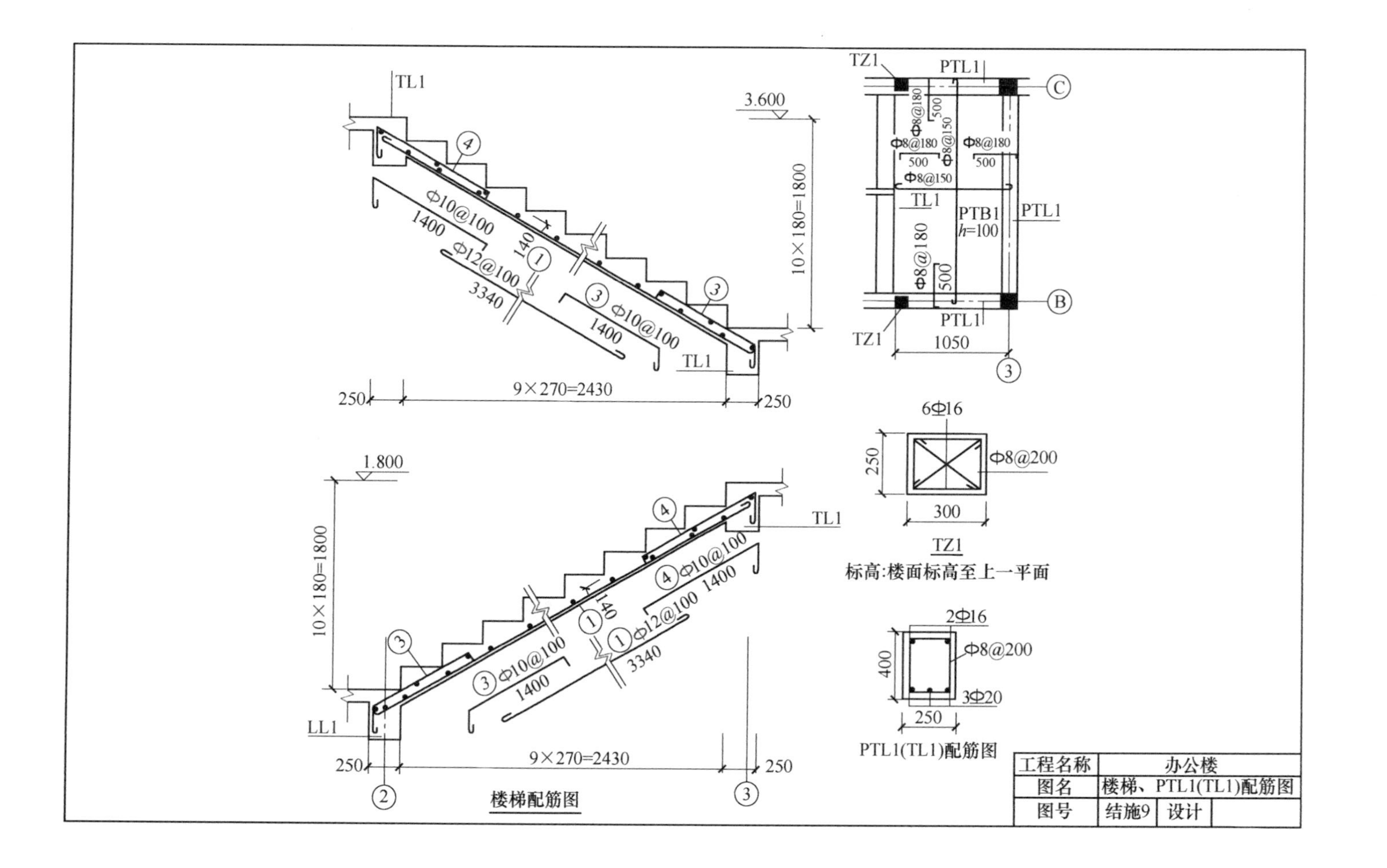

TL1
3.600
Φ10@100
1400
Φ12@100
3340
140
Φ10@100
1400
TL1
250
9×270=2430
250
10×180=1800
1.800
TL1
Φ10@100
1400
Φ12@100
3340
140
Φ10@100
1400
LL1
250
9×270=2430
250
10×180=1800
楼梯配筋图
TZ1
PTL1
Φ8@180
Φ8@150
500
Φ8@180
500
Φ8@150
TL1
PTB1
h=100
PTL1
Φ8@180
500
PTL1
TZ1
1050
6Φ16
250
Φ8@200
300
TZ1
标高:楼面标高至上一平面
2Φ16
400
Φ8@200
3Φ20
250
PTL1(TL1)配筋图
工程名称
办公楼
图名
楼梯、PTL1(TL1)配筋图
图号
结施9
设计

参 考 文 献

[1] 中华人民共和国住房和城乡建设部. GB 50500—2013 建设工程工程量清单计价规范 [S]. 北京: 中国计划出版社, 2013.

[2] 中华人民共和国住房和城乡建设部. GB 500854—2013 房屋建筑与装饰工程工程量计算规范 [S]. 北京: 中国计划出版社, 2013.

[3] 《建设工程计价计量规范》编制组.《建设工程工程量清单计价规范》(GB 50500—2013) 宣贯辅导教材 [M]. 北京: 中国计划出版社, 2013.

[4] 袁建新. 工程量清单计价 [M]. 北京: 中国建筑工业出版社, 2010.

[5] 赵江连, 毕明. 建筑工程计量与计价 [M]. 北京: 机械工业出版社, 2013.

[6] 刘亚龙, 祁巧艳. 工程量清单计价 [M]. 北京: 冶金工业出版社, 2014.

[7] 王广军, 徐晓峰. 建筑工程计量与计价 [M]. 天津: 天津科学技术出版社, 2013.

[8] 黄伟典. 建筑工程工程量清单计价实务 (建筑工程部分) [M]. 北京: 中国建筑工业出版社, 2013.

[9] 王雪浪, 祁巧艳. 工程量清单计价单项能力训练册 [M]. 北京: 冶金工业出版社, 2014.